輕鬆玩烘焙
Cake

作者自序

記得小時候，鄰近眷村的教會裡，每逢週末便會飄出陣陣包子、饅頭與麵包香，尤其是麵包，那濃濃的奶油香所散發出無法抵擋的誘惑力，深深植入我的腦海裡！求學時，雖然念的是電機工程但還是無法將這種味道忘懷，於是常常利用寒暑假到麵包店打工，只為能吃到熱騰騰剛出爐的麵包，以及那最新鮮的蛋糕。

退伍後，短暫投入電子資訊業，但最終還是敵不過麵粉與奶油的呼喚，毅然投入烘焙業，從學徒做起。因為我深信，僅有從頭做起，奠定紮實的基礎，才能將材料發揮得淋漓盡致。

至今從事烘焙已17年了，教學也有10多年的經驗，在這段不算短的時間裡，教過不少學員，有學生、公務員、老師、老闆娘、會計師等各行各業的人，他們的共通點便是對西點有著一顆熱忱的心，不但追求好吃、追求健康，更追求在製作過程中的挑戰、創新以及與人分享時的喜悅和成就感。這份喜悅更加重了我的責任，認為應該本著高級點心家庭化的原則來做這一系列的西點食譜，於是便有了"輕鬆玩烘焙"這本食譜的構想。

本書因考慮到一般初學者，家裡的模具並不多，所以將使用的模具設定在三種較常用的，但這並不影響產品的種類，無論是麵包、蛋糕、西點、果凍、慕斯類都包含在其中，且本著我做書的原則，「配方一定要真實；步驟一定要正確；成品一定要高級；做法一定要簡單」戰戰競競地將其完成。

為求產品多元化，這系列的食譜中，每一本都和一位不同的專業師傅配合，此書便是和一位擁有16年經驗的西點長才「林倍加」師傅合作，樸實的他讓本書更增加許多豐富內容，以及屬於他的私房配方。

最後，更要特別感謝"泉利精緻蛋糕坊"的大力支持襄助，以及"品嘗精緻烘焙館"的幫忙，讓本書製作上更加順利！

許正忠

CONTENTS 目錄

Part1 小水果條模篇

Part2 小布丁圓模篇

Part3 7吋菊花模篇

Part4 基本做法篇

Part5 食材行資訊 146

part1

小水果條模篇

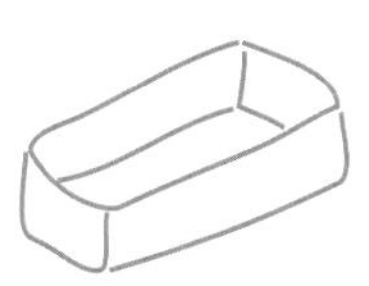

水果條模 5條

歐式布朗尼
Brownie European Style

材料／Ingredients

A. 巧克力210g

B. 奶油210g、細砂糖120g

C. 蛋黃110g

D. 高筋麵粉50g

E. 蛋白140g、細砂糖40g

F. 奶油起士200g、水200g、卡士達粉80g、玉米粉10g、蛋白50g

做法／Procedures

1. 材料A隔水加熱溶解。
2. 材料B一起打發（製作法請參考p.134頁糖油拌合法）。
3. 材料C分次加入打發。
4. 材料A加入拌勻。
5. 材料D過篩後加入拌勻。
6. 材料E打濕性發泡（製作法請參考p.130頁香草戚風蛋糕作法）與前項拌勻為巧克力麵糊。
7. 材料F一起拌勻即為起士麵糊。
8. 烤模鋪紙，先倒入一半巧克力麵糊，再用擠花袋擠上起士麵糊，最後再倒入另一半巧克力麵糊。
9. 以上火170℃/下火170℃烤焙約35分鐘。

Tips:

1. 此項產品困難度較高，亦可只烤起士或只烤巧克力麵糊，而成兩種產品。
2. 卡士達粉亦可用格斯粉或克林姆粉代替。

材料／Ingredients

A. 全蛋357g、細砂糖282g

B. 低筋麵粉357g、香草粉12g、泡打粉12.5g

C. 奶水125g、沙拉油250g

D. 杏仁角適量

做法／Procedures

1. 材料A打發（製作法請參考p.132頁香草海綿蛋糕作法）。
2. 材料B過篩後加入拌勻。
3. 材料C加入拌勻後倒入模型中，上面撒杏仁角，以上火250℃/下火150℃烤焙上色後，再以上火150℃/下火150℃烤焙約25分鐘。

Tips:

1. 麵糊攪拌時需多拌幾下，使麵糊具光澤，口感會較細緻。
2. 烤時稍著色，即在中間割開。
3. 模型刷油（固態油脂）撒高筋麵粉。

水果條模 5條 巧克力布朗尼

Chocolate Brownie

材料／Ingredients

A. 全蛋154g、細砂糖340g、鹽4g

B. 水138g、巧克力128g、奶油86g

C. 低筋麵粉144g、高筋麵粉144g

D. 核桃（碎）122g

做法／Procedures

1. 材料B溶解45℃備用。
2. 材料A（參考P132頁香草海綿蛋糕做法）一起打發。
3. 加入步驟1之材料B拌勻。
4. 材料C過篩加入拌勻後，倒入鋪紙模型中，上面撒核桃，以上火180℃/下火130℃焙烤約30分鐘。

Tips:

1. 表面核桃可改成耐烤巧克力豆拌入。
2. 布朗尼做法很多，在這裡提供不同方式，讓您有另一種選擇。

羅利松子
Cake with Pine Nuts

材料／Ingredients

A. 瑪琪琳（Margarin）85g、酥油85g、奶油340g、糖粉25g、果糖250g

B. 煉乳185g、麥芽75g

C. 全蛋3個、蛋黃250g

D. 低筋麵粉450g、奶香粉5g、泡打粉5g、杏仁粉50g

E. 動物鮮奶油200g

F. 松子適量

做法／Procedures

1. 材料B加熱溶解後，加入材料A中打發（製作法請參考p.134頁糖油拌合法）。
2. 材料C分次加入拌勻。
3. 材料D過篩後，加入拌勻。
4. 材料E最後加入拌勻，倒入模型中上面撒松子，以上火180℃/下火150℃烤焙約25分鐘。

Tips:

1. 模型刷油（固態油脂）撒高筋麵粉，可防沾黏。
2. 奶香粉為香料的一種，亦可用牛奶香精2g代替。

水果條模 5條 焦糖蘋果 Caramel Apple Cake

材料／Ingredients

A. 細砂糖60g、動物鮮奶油50g

B. 奶油188g、糖粉163g

C. 蛋黃75g

D. 高筋麵粉37.5g、低筋麵粉37.5g

E. 全蛋125g

F. 玉米粉62.5g、泡打粉5g

G. 蜜餞桔子皮150g、蘋果片225g

做法／Procedures

1. 材料A之細砂糖煮成焦糖後，加入鮮奶油拌勻，再過篩成焦糖漿（Caramel）。
2. 焦糖漿與材料B一起打發。
3. 材料C先加入拌勻稍打發。
4. 加過篩後之材料D拌勻（慢速）。
5. 繼續以慢速打發，邊加入材料E拌勻。
6. 最後加入過篩之材料F，以中速攪拌15秒鐘再拌入材料G。
7. 倒入鋪紙之模中，以上火160℃/下火160℃烤焙約30分鐘。

Tips:

1. 步驟3～6中粉和蛋交叉加入，可減少油水分離。
2. 步驟6以中速攪拌15秒，可增加麵粉筋性，除組織較細外，還可避免蘋果全部沈至底部。

水果條模 5條

雪藏蛋糕
Snow White Cake

材料／Ingredients

A. 奶油257g、糖粉255g、奶粉114g

B. 蛋黃284g、蛋白189g

C. 低筋麵粉170g

做法／Procedures

1. 材料A一起打發（製作法請參考p.134頁糖油拌合法）。
2. 材料B先冷藏後，再分次慢慢加入打發。
3. 材料C過篩加入拌勻後，倒入鋪紙模型中，以上火200℃/下火150℃烤25分鐘。

Tips:

1. 上火稍著色時，中間美工刀割開，裂口較整齊。
2. 奶油若用阿羅利奶油或發酵奶油會更香。
3. 蛋白、蛋黃一定要冰透，可減少油水分離現象。

英式什錦甜莓蛋糕
British Style Berries Cake

材料／Ingredients

A. 奶油303g、紅糖190g 、冷凍藍莓粒80g
葡萄乾80g、草莓80g

B. 全蛋377g

C. 可可粉75g、低筋麵粉340g、泡打粉20g

D. 核桃80g

做法／Procedures

1. 材料A打發（製作請參考p.134頁糖油拌合法）。
2. 材料B分次（最好分三次）加入繼續打發。
3. 材料C一起過篩後，加入拌勻。
4. 最後將核桃加入拌勻，倒入鋪紙模具中，以上火180℃/下火140℃烤焙約25分鐘。

Tips:

1. 紅糖加冷凍藍莓粒、葡萄乾、草莓拌勻靜置60分鐘再與奶油混合打發。
2. 表面之裝飾可用160g動物鮮奶油煮開後，沖入190g切碎之苦甜巧克力拌勻，抹於表面。

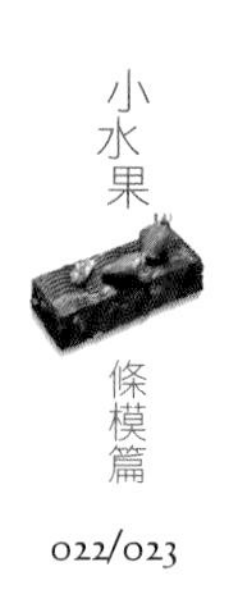

富利
Free Almond Cake

材料／Ingredients

A. 糖粉380g、奶油380g 、杏仁粉110g

B. 全蛋380g

C. 低筋麵粉90g 、高筋麵粉250g
泡打粉4g

D. 烤熟杏仁片適量

做法／Procedures

1. 材料A一起打發（製作法請參考p.134頁糖油拌合法）。
2. 材料B分三次加入打發。
3. 材料C一起過篩後加入拌勻。
4. 烤模抹奶油、沾滿烤熟杏仁片後，將麵糊注入模中，以上火200℃/下火180℃烤焙約25分鐘。

Tips:

烤模在抹油（固態油脂）時，油溫不可太高，否則油會太薄而杏仁片因此會沾不住。

水果條模 5條

歐香蛋糕

European Bread Cake

材料／Ingredients

A. 吐司麵包386g

B. 紅糖267g、水575g

C. 低筋麵粉270g、蘇打粉9g、泡打粉15g

D. 葡萄乾40.5g、核桃40.5g

E. 白芝麻適量

做法／Procedures

1. 材料B加熱至糖溶化後，加入材料A攪拌成糊狀。
2. 材料C過篩後加入拌勻。
3. 材料D加入拌勻即可裝入鋪紙之烤模。
4. 上面撒白芝麻，以上火180℃/下火160℃烤焙約40分鐘。

Tips:

1. 白吐司可用吃剩或乾掉之吐司。
2. 若沒有吐司可用白麵包，但不可有餡料。

水果條模 6條 星鑽(蛋糕吐司) Chiffon & Bread Rolls

材料／Ingredients

麵糰配方：

高粉290g、水183g、鹽5.8g、細砂糖18g 、酵母4.5g、奶粉12g、奶油23g

巧克力戚風蛋糕：

蛋白160g、細砂糖80g、塔塔粉2g、鹽1g、水45g、可可粉16g、沙拉油45g
低筋麵粉55g、玉米粉20g、蛋黃80g

咖啡戚風蛋糕 (30cm×40cm) 一盤：

蛋白90g、細砂糖60g、塔塔粉3g、鹽1g、沙拉油40g、水40g、即溶咖啡粉5g
低筋麵粉55g、玉米粉10g、蛋黃40g

做法／Procedures

1. 咖啡戚風蛋糕（製作法請參考p.130頁香草戚風蛋糕作法），烤成盤形後，冷卻切成13×13公分、6片。
2. 麵糰配方（製作法請參考p.128頁直接法）製作至基本發酵完成。
3. 麵糰分成6塊（每塊約90g）擀開成長方形（約13×13公分）上鋪咖啡蛋糕後捲起，放入鋪紙之烤模中。
4. 靜置鬆弛20分鐘。
5. 將巧克力戚風蛋糕之麵糊平分於6個烤模中，以上火180℃/下火200℃烤焙約25分鐘。

Tips:

1. 若要蛋糕表面裂紋整齊，可於表面凝固時，用美工刀劃一刀。
2. 咖啡蛋糕也可用不同蛋糕代替。
3. 即溶咖啡粉要先溶於水中。

水果條模 2條

香濃可頌麵包布丁

Croissant Bread Padding

材料／Ingredients

A. 溶化奶油60g、可頌麵包（切丁）4個

B. 無糖鮮奶油750g、蛋8個、細砂糖110g

C. 動物鮮奶油100g、細砂糖10g

做法／Procedures

1. 材料A中之奶油淋於麵包丁上後，再放入模具內。
2. 材料B拌勻後，倒入模具內。
3. 以上火160℃/下火200℃隔水烤焙約40分鐘。
4. 食用前麵包布丁切片，續將材料C打6分發，淋上即可。

Tips:

1. 若無可頌麵包，亦可用白吐司代替。
2. 隔水烤焙較不易使餡中之蛋過熟而產生氣孔，吃起來也較滑嫩。

水果條模 3條

英式什錦米布丁

Rice Pudding English Style

材料／Ingredients

A. 水500g、白米200g

B. 牛奶200g、細砂糖100g、蛋黃3個、香草粉1g

C. 奶油50g、檸檬皮1個、葡萄乾30g、什錦果皮50g

D. 格斯粉30g、牛奶150g

做法／Procedures

1. 水與白米一起加蓋煮至水開後改小火煮，不時翻攪至米變軟。
2. 材料B中之糖、蛋黃、香草粉先拌勻後，將牛奶煮開沖入拌勻，再加入做法1之米中。
3. 繼續煮至濃稠後，拌入材料C即可倒入塗抹奶油之長條模中，冷卻後便可脫模。
4. 食用前將材料D拌勻淋上即可。

Tips:

1. 煮米時水開後一定要關小火，才不會因水蒸發太快而米沒煮熟。
2. 加入牛奶後火要小，且不停攪拌以免燒焦。
3. 脫模時可先輕微敲四個面，再倒扣較易脫模。

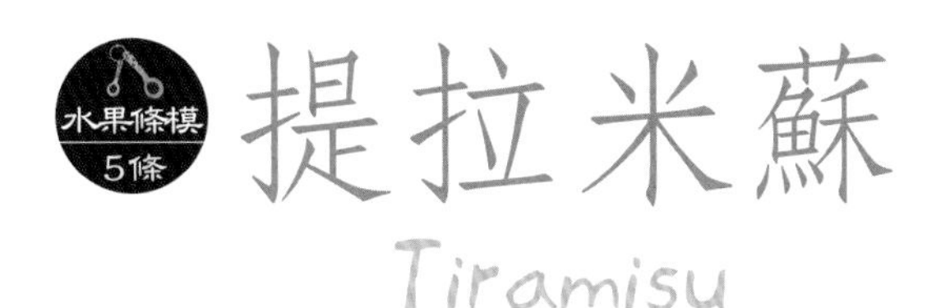

提拉米蘇
Tiramisu

材料／Ingredients

A. 蛋黃120g、水60g、細砂糖120g

B. 吉利丁片12g

C. 瑪斯卡邦起士590g

D. 動物鮮奶油590g、咖啡酒40g

E. 另備咖啡戚風蛋糕（30×40cm）一盤（製作法請參考p.24頁星鑽）

做法／Procedures

1. 材料A隔水加熱打發至85℃。
2. 材料B吉利丁片以冰水泡軟再隔水加熱溶解。
3. 材料C放置室溫軟化。
4. 物鮮奶油打發備用。
5. 材料A加熱至85℃時取出，加入溶解的吉利片拌勻，冰鎮降溫後與軟化的瑪斯卡邦起士拌勻。
6. 材料D分次加入拌勻即可。

Tips:

1. 材料A隔水加熱時要不停攪拌以避免蛋黃煮熟。
2. 冰鎮降溫時，應攪拌至稍微濃稠時再拌入鮮奶油。
3. 鮮奶油加入時量不宜一次加太多，以避免攪拌不均勻。
4. 瑪斯卡邦起士之英文名為Mascarpone。

水果條模 6條

黑森林蛋糕
Black Forest

材料／Ingredients

A. 蛋白270g、細砂糖160g、塔塔粉4g、鹽2g

B. 水140g、可可粉30g

C. 冰水56g

D. 蛋黃145g、沙拉油115g

E. 低筋麵粉140g、蘇打粉4g

F. 鮮奶油（打發）600g、黑櫻桃適量、巧克力碎200g、防潮糖粉少許

做法／Procedures

1. 材料A打成硬性發泡（製作法請參考p.130頁香草戚風蛋糕作法）。
2. 材料B中水煮沸加入過篩的可可粉拌勻。
3. 依序加入材料C、D和過篩的E拌勻。
4. 先取1/4的材料A加入拌均勻後，再倒回鍋內和剩餘3/4之材料A一起拌勻即可倒入模中。
5. 以上火160℃/下火180℃烤焙約25分鐘。

Tips:

1. 可可粉先加水煮溶解再加冰水可完全釋放可可粉的香味。
2. 蛋糕成品出爐後需先倒扣以避免收縮。
3. 裝飾時先將蛋糕橫切三片再抹鮮奶油，再夾入黑櫻桃，表面再塗一層鮮奶油，最後巧克力碎屑平均撒於表面篩撒防潮糖粉。

水果條模 3條

巧克力香蕉蛋糕

Chocolate Banana Cake

材料／Ingredients

A. 奶油120g、細砂糖100g、鹽2g

B. 蛋120g

C. 巧克力碎25g、低筋麵粉145g、可可粉10g、泡打粉7.5g

D. 香蕉（切片）200g、細砂糖25g、奶油15g、肉桂粉2g、黃芥末醬10g

E. 椰子絲適量

做法／Procedures

1. 材料A中奶油、細砂糖、鹽一起打發（製作法請參考p.134頁糖油拌合法）。
2. 蛋分2次加入打發。
3. 材料C中低筋麵粉、可可粉、泡打粉一起過篩後，和巧克力碎加入拌勻。
4. 材料D一起倒入炒鍋內加熱拌炒至糖完全溶化，待冷卻後加入前項中拌勻。
5. 裝入水果條模內，上面撒椰子絲，以上火170℃/下火170℃烤焙約30分鐘。

Tips:

1. 水果條模為避免沾黏，可鋪紙或刷油，再撒高筋麵粉亦可。
2. 香蕉宜挑熟些，太生的香蕉散發不出香味。

美式香蕉核桃蛋糕
U.S. Banana Walnuts Bread

材料／Ingredients

A. 香蕉（去皮）120g、細砂糖120g

B. 蛋60g

C. 低筋麵粉180g、小蘇打粉3.5g

D. 牛奶40g、沙拉油30g

E. 碎核桃60g

做法／Procedures

1. 香蕉和細砂糖拌勻。
2. 蛋加入拌勻。
3. 低筋麵粉和小蘇打粉過篩後加入拌勻。
4. 加入牛奶和沙拉油拌勻。
5. 加入碎核桃拌勻即可。
6. 裝入鋪好紙之模內，以上火170℃/下火170℃烤焙約30分鐘。

Tips:

1. 亦可在蛋糕上撒核桃再烤。
2. 若表面不想撒核桃，而想使表面從中央裂開，在烤焙前可使用小刀沾沙拉油從麵糊中劃開。

芒果香蘿蒂
Mango Mousse

材料／Ingredients

A. 細砂糖80g、蛋黃60g（約3個）

B. 牛奶200g、芒果泥200g

C. 吉利丁片25g

D. 打發鮮奶油200g

E. 芒果切片適量

F. 餅乾碎150g、溶化奶油80g

做法／Procedures

1. 吉利丁片泡冰水軟化後撈起，放入已拌勻之材料A中。
2. 材料B一起煮沸後，沖入步驟1中充分拌勻，至糖和吉利丁片溶化。
3. 待冷卻至濃稠狀（約15℃）時，加入打發之鮮奶油拌勻。
4. 倒入已排好芒果之模具中，上面鋪拌勻之奶油餅乾碎。
5. 冷藏至完全凝固即可。

Tips:

1. 牛奶芒果汁之降溫可參考p.77頁之椰果奶凍。
2. 食用前亦可淋上芒果泥（新鮮）。

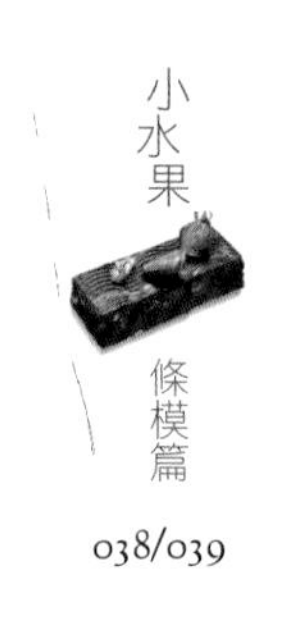

水果條模 3條 肉桂捲心 Cinnamon Roll

材料／Ingredients

A. 高筋麵粉400g、細砂糖75g、鹽4g、快發乾酵母6g、牛奶230g
奶油（軟化）50g、蛋30g

B. 玉桂（肉桂）粉10g、細砂糖60g、葡萄乾50g、核桃碎40g

C. 蛋白10g、糖粉70g

做法／Procedures

1. 材料A（製作法請參考p.128頁直接法）製作至基本發酵完成。
2. 將步驟1之麵糰分割成9個（每個約90g），稍微滾圓。
3. 鬆弛20分鐘後，擀開成長方形薄片，上面鋪拌勻之材料B，再捲起。
4. 每個模子刷油（固態油脂）後，放入三個麵糰（橫放），待發酵至與模同高時，以上火170℃/下火200℃烤焙約25分鐘。
5. 材料C拌勻後，擠於烤熟後冷卻的麵包上。

Tips:
長條模麵包如何判斷烤熟與否呢？其實很簡單，只要注意麵包與烤模分離且麵包側面著色即可。

水果條模 3條 義大利香蒜麵包
Italian Garlic Bread

材料／Ingredients

A. 高筋麵粉500、細砂糖25g、鹽7.5g、奶油30g、快發乾酵母10g
全蛋1個、水280g、義大利香料2g

B. 高溶點起士丁150g、九層塔（羅勒）24片

C. 蒜泥80g、奶油80g、鹽1g、巴西利4朵（切碎）

做法／Procedures

1. 材料A（製作法請參考p.128頁直接法）製作至基本發酵完成。
2. 將步驟1之麵糰分割成3個（每個約300g），稍滾圓。
3. 鬆弛20分鐘，擀開成長方形薄片，上面鋪起士丁和九層塔後捲起，放入已抹油（固態油脂）之模型中。
4. 發酵至8分滿時，在中間割一道裂口，再發酵至與模同高時，以上火170℃/下火190℃烤焙約25分鐘。
5. 出爐後馬上於裂口處擠上拌勻的材料C即可。

Tips:

九層塔與羅勒是同樣的東西，可互相取代。

健康雜糧麵包
Assorted Grain Bread

材料／Ingredients

A. 雜糧麵粉150g、高筋麵粉350g、紅糖25g、細砂糖25g
鹽7g、蛋100g、水185g
奶油40g、快發乾酵母8g

B. 核桃碎100g、蛋液少許
黑、白芝麻少許

做法／Procedures

1. 材料A（請參考p.128頁直接法）製作至基本發酵完成。
2. 將步驟1之麵糰分割成3個（每個約300g），稍滾圓。
3. 鬆弛20分鐘後，擀開成長方型薄片，上面鋪碎核桃再捲起，放入已抹油（固態油脂）之模型中。
4. 發酵至與模同高時，在表面刷蛋液、撒黑、白芝麻後，輕割三刀，以上火170℃/下火200℃烤焙約25分鐘。

Tips:

1. 雜糧麵包可先與水泡半小時，雜糧會更好吃。
2. 碎核桃，若選用烤熟的會更香。

水果條模 6條

咖啡核桃蛋糕

Coffee Walnuts Cake

材料／Ingredients

A. 咖啡粉13g、奶水140g、沙拉油280g

B. 全蛋400g、細砂糖316g

C. 低筋麵粉400g、泡打粉14g

D. 碎核桃適量

做法／Procedures

1. 材料A加熱溶解。
2. 材料B打發（製作法請參考p.132頁香草海綿蛋糕作法）。
3. 材料C過篩加入拌勻。
4. 材料A加入拌勻，多拌兩下後，倒入模型中，以上火250℃/下火150℃烤焙上色後，再改上火150℃/下火150℃共約25分鐘。

Tips:

1. 麵糊攪拌時需稍有光澤。
2. 烤時稍著色即在中間割開。
3. 模型刷油（固態油脂）撒粉。
4. 在麵糊上撒核桃更好。

水果條模 3條 紅糖鳳梨蛋糕
Pineapple Cake

材料／Ingredients

A. 蛋6個、細砂糖280g、蜂蜜40g

B. 低筋麵粉95g、高筋麵粉280g、泡打粉4g

C. 溶化奶油250g、鳳梨汁270g

D. 罐頭鳳梨6片、罐頭櫻桃6顆、紅糖少許

做法／Procedures

1. 材料A一起打發（製作法請參考p.132頁香草海綿蛋糕作法）。
2. 材料B一起過篩後加入拌勻。
3. 加入材料C拌勻。
4. 烤模抹油（固態油脂）後，撒上紅糖，再排上鳳梨片和櫻桃，將麵糊倒入烤模中，以上火170℃/下火170℃烤焙約30分鐘。

Tips:

1. 撒紅糖於模子內可增加鳳梨之色澤和味道。
2. 溶化的奶油不宜過熱，否則在攪拌入麵糊時，麵糊較易消泡。

水果條模 6條

香草水果蛋糕

Vanilla Fruit Cake

材料／Ingredients

A. 蛋白285g、細砂糖170g、塔塔粉5g、鹽3g

B. 香草粉2g、低筋麵粉150g、泡打粉5g

C. 蛋黃145g

D. 沙拉油125g、水125g

E. 打發鮮奶油600g、各式水果適量

做法／Procedures

1. 材料A打成硬性發泡備用（製作法請參考p.130頁香草戚風蛋糕作法）。
2. 材料B中低筋麵粉、泡打粉、香草粉過篩。
3. 再依序將材料B、C、D拌勻。
4. 取材料A1/4的量和步驟3拌勻，再倒回鍋內和剩餘3/4之材料A拌勻後倒入模型中。
5. 以上火160℃/下火180℃烤焙約25分鐘。

Tips:

1. 蛋糕成品出爐後需倒扣以避免收縮。
2. 裝飾時將蛋糕成品橫切三片抹上鮮奶油夾入什錦水果，表面再抹上一層薄鮮奶油及水果作裝飾。
3. 水果種類視個人喜好亦可用巧克力作裝飾。

part2
小布丁圓模篇

小布丁模 151個 藍莓瑪芬
Blue berry Muffin

材料／Ingredients

A. 奶油80g、細砂糖80g

B. 全蛋90g

C. 泡打粉7g、中筋麵粉170g

D. 鮮乳95g

E. 冷凍藍莓粒80g

F. 杏仁片少許

做法／Procedures

1. 材料A打發（製作法請參考p.134頁糖油拌合法）。
2. 材料B分次加入稍打發。
3. 材料C過篩加入拌勻。
4. 材料D慢慢加入拌勻。
5. 材料E加入拌勻後擠入模型中表面裝飾杏仁片，以上火180℃/下火140℃，烤焙約25分鐘。

Tips:

1. 麵粉可於蛋加1/2的量時續加麵粉1/2的量，可減少油水分離現象。
2. 藍莓粒等要拌時才自冷凍取出。
3. 也可以其他水果替代，但水分不宜太多。
4. 烤時麵糊表面稍乾即割十字並開風門。

小布丁模 201個 加州甜麵包
California Bread

材料／Ingredients

甜麵包麵糰

A. 高筋麵粉220g、細砂糖35g、鹽3g、脫脂奶粉5g、奶油35g
柳橙皮末5g、全蛋35g、新鮮酵母11g、水110g

B. 草莓餡適量

戚風蛋糕麵糊

蛋白120g、細砂糖60g、塔塔粉10g、柳橙汁36g、沙拉油36g
低筋麵粉63g、玉米粉9g、泡打粉2g、蛋黃60g

做法／Procedures

1. 材料A（製作法請參考p.128頁直接法）製作至基本發酵完成。
2. 將步驟1麵糰分割20個（每個約22g），稍滾圓。
3. 稍鬆弛20分鐘後，再滾圓至表面光滑放入模型。
4. 醱酵至模高2/3時，擠入草莓餡，再擠入戚風蛋糕麵糊（製作法請參考p.130頁香草戚風蛋糕作法）。
5. 以上火190℃/下火150℃烤焙約25分鐘。

Tips:

1. 草莓餡亦可預先包入麵糰中，並可以其他水果餡代替。
2. 模型要刷一層薄油以利脫模，烤焙完成要立即脫模。
3. 表面也可以在烤前撒乾果類作為裝飾。

橘香甜心 Tangerine Tart

材料／Ingredients

A. 甜派皮450g（製作法請參考p.134頁糖油拌合法）

B. 奶油起士150g、細砂糖30g 奶油30g、玉米粉12g

C. 酸奶25g、蛋黃32g、鮮奶30g 動物鮮奶油30g、蜜餞橘皮50g

做法／Procedures

1. 製作10個塔皮（每個35g）於模型中，另做10個圓形塔皮（每個約10g，製作請參考p.134頁糖油拌合法）作裝飾。
2. 材料B打發至細砂糖溶解。
3. 材料C依序加入拌勻後，注入已做好塔皮之模型中，以上火100℃/下火180℃烤焙30分鐘

Tips:

1. 利用剩餘派皮製作與模型稍大圓形派皮刷蛋黃烤至全熟後，裝飾於上方。
2. 也可不用圓形派皮改用海綿蛋糕裝飾。

小布丁模 101個

起士小塔
Cheese Tart

材料／Ingredients

A. 甜派皮350g（製作法請參考p.134頁糖油拌合法）

B. 奶油起士250g、細砂糖65g、玉米粉13g

C. 全蛋1個、鮮奶油25g

D. 蛋黃150g、細砂糖10g、鹽2g

做法／Procedures

1. 製作10個塔皮（每個35g）於小布丁模中（製作法請參考p.134頁糖油拌合法）。
2. 材料B打發至細砂糖溶解。
3. 材料C依序加入拌勻入模。
4. 材料D打發擠於表面，以上火150℃/下火190℃烤焙30分鐘。

Tips:

1. 表面之蛋黃糊需打發至糖完全溶解且麵糊不滴落為止。
2. 此麵糊亦可運用於其他塔類之表面。

小布丁模 101個 英式滿福堡

English Muffin

材料／Ingredients

A. 高筋麵粉200g、低筋麵粉40g
細砂糖16g、鹽2g、快發乾酵母4g、原味優格110g、奶油（軟化）16g、蛋30g、牛奶20g

B. 火腿片15片、起士片5片
小黃瓜20片、美乃滋適量

做法／Procedures

1. 材料A（製作請參考p.128頁直接法）製作至基本發酵完成。
2. 將做法1麵糰分成10個（每個約45g），稍滾圓，鬆弛20分鐘。
3. 再次滾圓後，放已刷油（固態油脂）之模型中，發酵至8分滿。
4. 倒扣於烤盤上，以上火200℃/下火200℃烤焙約15分鐘。
5. 冷卻後，以材料B裝飾即可。

Tips:

1. 此種麵包多用於早餐當成漢堡，但不夾餡料亦不錯哦！
2. 原味優格不能以優酪乳代替，否則會太甜。

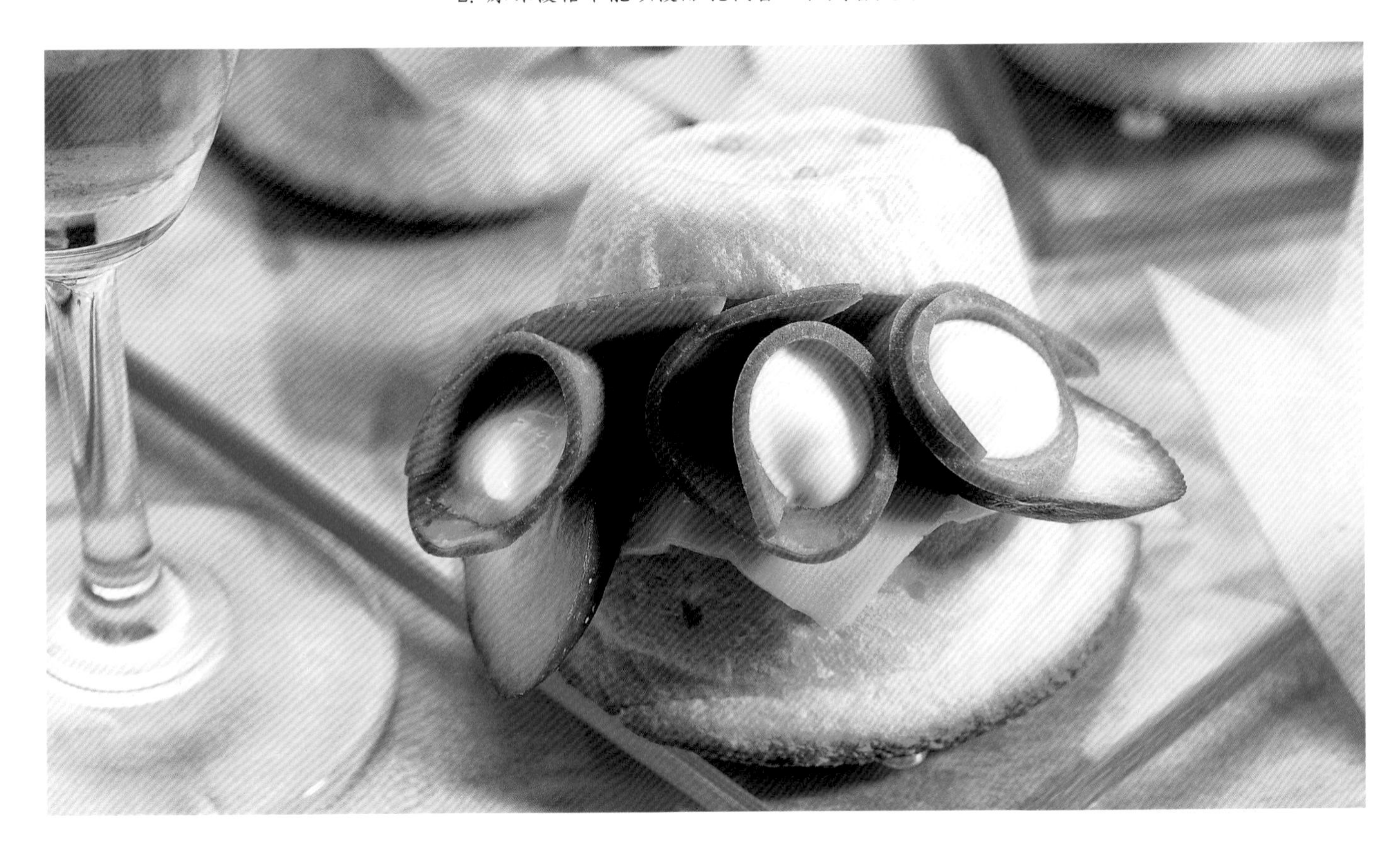

小布丁模 101個 蘋果布里歐麵包

Apple Broich Bread

材料／Ingredients

A. 高筋麵粉250g、細砂糖40g、鹽4g、快發乾酵母5g、蛋50g、奶粉10g
牛奶75g、冰塊（碎）25g
奶油（軟化）80g

B. 蘋果餡200g
巧克力餅乾棒10支

C. 糖粉適量

做法／Procedures

1. 材料A除奶油外，其餘一起攪拌至擴展階段（製作請參考p.128頁直接法）後，加入奶油繼續攪拌至光滑即可。
2. 發酵50分鐘（約2.5倍體積），分成10個小麵糰（每個約45g），稍微滾圓。
3. 再鬆弛20分鐘，包蘋果餡（每個約20g），放入紙模的小布丁模內。
4. 待發酵至與模同高時，插入巧克力餅乾棒，以上火200℃/下火190℃烤焙約15分鐘。
5. 出爐後，上面撒糖粉即可。

Tips:

此種麵包油脂成分較高，所以攪拌麵糰時一定要用碎冰，油脂較不易溶化而分離於麵糰外。

小布丁模 15個 香橙乳酪燒果子

Tangerine Cheese Tart

材料／Ingredients

A. 餅乾粉190g、溶化奶油110g

B. 奶油起士200g、蜂蜜10g、蛋黃60g

C. 卡士達粉40g、杏仁粉60g、泡打粉2g、蜜餞桔子皮50g、柳橙香精2g

D. 蛋白240g、細砂糖190g

E. 軟質巧克力適量

做法／Procedures

1. 材料A拌勻後每個模型放入20g壓實。
2. 材料B攪拌打發。
3. 材料C先拌勻後加入步驟2中拌勻。
4. 材料D打濕性發泡（製作法請參考p.130頁香草戚風蛋糕作法）與步驟3攪拌均勻。
5. 材料E隔水加熱溶解，取適量麵糊加入拌勻，做好表面裝飾後入爐，以上火180℃/下火0℃隔水烤約30分鐘。

Tips:

1. 模型需刷一層薄油（固態油脂）。
2. 派皮放入模型底部需壓平。

乳酪堡
Cheese Streusel Tart

材料／Ingredients

A. 甜派皮350g（製作法請參考p.134頁糖油拌合法）。

B. 奶油起士250g、細砂糖25g
奶油5g、蛋黃18g

C. 中筋麵粉130g、細砂糖70g
油（固態油脂）70g

做法／Procedures

1. 製作10個甜派皮（每個35g）於小塔模內（製作法請參考p.134頁糖油拌合法）。
2. 材料B打發拌勻後倒入模型中。
3. 材料C一起拌勻，用手搓成細粉狀的酥糖粒。
4. 酥粒撒麵糊上，以上火190℃/下火200℃烤焙約25分鐘。

Tips:

1. 酥糖粒亦可完全拌勻，擀平冷凍15分鐘後取出切丁撒於表面。
2. 食用前表面須撒糖粉。

小布丁模 151個 柳橙巧克力瑪芬

Orange & Chocolate Chip Muffin

材料／Ingredients

A. 糖粉210g、奶油210g

B. 全蛋155g、柳澄汁200g

C. 低筋麵粉150g、高筋麵粉150g
泡打粉14g、蘇打粉10g

D. 蘭姆酒10g、蜜餞橘子皮105g
耐烤巧克力豆105g

做法／Procedures

1. 材料A打發（製作法請參考p.134頁糖油拌合法）。
2. 材料B分次加入拌勻稍打發。
3. 材料C過篩後加入拌勻，再加入材料D拌勻。
4. 注入鋪紙杯之模型中，以上火200℃/下火160℃烤焙約25分鐘。

Tips:

1. 巧克力豆可預留50g作表面裝飾。
2. 入爐烤焙，蛋糕面略乾時，可用美工刀劃十字型裂紋較整齊。

小布丁模 8個 巧克力咕咕霍夫
Chocolate Kougelhope

材料／Ingredients

A. 奶油90g、細砂糖60g、麥芽7g

B. 巧克力67g

C. 蛋黃67g

D. 杏仁粉60g、低筋麵粉57g、杏仁果10g
核桃15g、蔓越莓15g

E. 蛋白135g、細砂糖75g、塔塔粉10g

F. 巧克力淋醬適量

做法／Procedures

1. 材料A打發。
2. 材料B隔水加熱溶解約45℃加入步驟1拌勻。
3. 材料C分次加入拌勻。
4. 材料D加入拌勻。
5. 材料E打濕性發泡加入，以上火180℃/下火140℃烤焙約30分鐘。
6. 冷卻後表面淋上巧克力淋醬，再裝飾即可。

Tips:

1. 杏仁果、核桃需先烤過切碎。
2. 模型需先抹油、撒粉。

巧克力淋醬

材料／Ingredients

A. 麥芽100g、鮮奶油100g、鮮乳100g
糖水17° 100g

B. 巧克力240g

做法／Procedures

1. 材料A加熱煮沸。
2. 材料B切碎加入攪拌溶解、過濾。

Tips:

細砂糖35g和70g水煮開即為17° 糖水。

小布丁模 10個 巧克力貝蕾蛋糕
Chocolate Orange Cake

材料／Ingredients

A. 全蛋4個、細砂糖140g、鹽5g

B. 泡打粉10g、低筋麵粉120g

C. 純苦巧克力150g、奶油70g

D. 桔子皮70g、桔子酒10g、柳橙香精5g

做法／Procedures

1. 材料A打發（製作法請參考p.132頁香草海綿蛋糕作法）。
2. 材料B過篩後加入拌勻。
3. 材料C隔水加熱溶化後，步驟2的1/5份量麵糊拌勻，再倒回2的麵糊中拌勻。
4. 最後加入材料D拌勻，倒入模型內（8分滿），以上火170℃/下火170℃烤焙約30分鐘。

Tips:

1. 模型需事先鋪設紙杯，再撒堅果類。
2. 表面可撒杏仁片或碎核桃做裝飾。

小布丁模 10個 奶油小杯子蛋糕

Cup Cake

材料／Ingredients

A. 蛋黃100g、細砂糖65g

B. 蛋白125g、細砂糖50g

C. 低筋麵粉70g、玉米粉30g

D. 鮮乳40g、奶油75g

做法／Procedures

1. 材料A打發至蛋黃糊呈乳白色。
2. 材料B打硬性發泡（製作請參考p.131頁香草戚風蛋糕作法）。
3. 材料C過篩後和蛋白糊、蛋黃糊一起拌勻。
4. 材料D隔水加熱溶解後加入拌勻即可倒入模型中（8分滿）。
5. 以上火200℃/下火150℃烤焙約25分鐘。

Tips:

1. 蛋黃打發至不滴落。
2. 模型舖紙杯可撒些葡萄乾。
3. 鮮乳、奶油隔水加熱溶解溫度保持60℃。
4. 烤時再墊一塊烤盤（避免底火太大）。

小布丁模 10個

栗子布丁燒

Chestnuts Crème Brûler

材料／Ingredients

A. 甜派皮350g（製作請參考p.134頁糖油拌合法）

B. 鮮奶400g、細砂糖70g

C. 全蛋3個、蛋黃2個

D. 栗子餡100g

做法／Procedures

1. 甜派皮作成10個小塔皮（每個35g，製作請參考p.134頁糖油拌合法）。
2. 材料B加熱溶解。
3. 材料C打散。
4. 材料B、C一起拌勻，即成布丁餡。
5. 材料D分成10個，搓成圓球型放入派皮內，倒入布丁餡，以上火200℃/下火200℃烤焙約25分鐘。

Tips:

1. 烤好時表面撒上細砂糖，並使用噴火槍，將細砂糖燒成焦糖狀。
2. 栗子餡也可以其他餡料替代。

小布丁模 101個

酥皮泡芙
Creme Puff

材料／Ingredients

酥皮：

A. 高筋麵粉170g、低筋麵粉40g 水125g、細砂糖10g、奶油20g、起酥瑪琪琳150g

泡芙：

B. 水100g、鮮乳100g、奶油100g、低筋麵粉120g、全蛋4個

內餡：

C. 奶油布丁餡適量

做法／Procedures

1. 材料A一起攪拌至擴展階段（製作請參考p.128頁直接法），鬆弛10分鐘後擀開包油。
2. 開成60cm×20cm長方形後折三折，重覆三次。
3. 再鬆弛30分鐘後，再擀開成55cm×22cm長方形，再切割成11cm×11cm酥皮10片，放入抹油（固態油脂）之模型中。
4. 材料B（製作法請參考p.72頁泡芙布蕾）製成泡芙麵糊後擠於模型中，以上火200℃/下火200℃烤焙約30分鐘。
5. 再將奶油布丁餡擠入烤好的麵包中。

奶油布丁餡

材料／Ingredients

A. 鮮乳410g

B. 細砂糖125g、玉米粉16g 低筋麵粉16g、全蛋2個

C. 奶油90g

D. 鮮奶油125g

做法／Procedures

1. 材料D打發備用。
2. 材料B混合拌勻。
3. 材料A加熱煮沸，倒入材料B中拌勻再煮沸便可離火，加入材料C拌至完全均勻，待冷卻後，加入材料D拌勻。

Tips:

1. 奶油布丁餡之鮮奶油用量可依個人喜好增減。
2. 酥皮可用市售酥皮替代。
3. 奶油布丁餡可用市售卡士達粉（格斯粉）代替。

小布丁模 8個

焦糖布丁
Caramel Egg Pudding

材料／Ingredients

A. 細砂糖100g、水15g

B. 鮮乳425g、細砂糖100g

C. 全蛋3個、蛋黃2個、香草精2g

做法／Procedures

1. 材料A加熱至部份成深褐色後（約1/4），再加入20g水降溫（即為焦糖）倒入模型中。
2. 材料B煮至細砂糖溶解後，加入拌勻之材料C。
3. 材料A、B、C一起拌勻後過濾兩次，注入模型中。
4. 以上火130℃/下火180℃隔水烤焙約30分鐘。

Tips:

1. 細砂糖加熱至呈金黃色即可，煮太久則會太苦。
2. 烤時以熱水倒至模型1/2高。
3. 脫模時輕壓布丁周邊使其與模分離，再倒扣即可。

小布丁模 10個

法式燒烤乳酪

Franch Style Cheese Cake

材料／Ingredients

A. 奇福餅乾（打碎）100g、糖粉40g
溶化奶油60g

B. 奶油起士500g、細砂糖125g

C. 蛋黃5個、檸檬汁1/2個

D. 高溶點起士丁適量

做法／Procedures

1. 材料A拌勻後壓於刷油（固態油脂）之模型中。
2. 材料B打發至糖溶解。
3. 材料C分2次加入步驟2拌勻。
4. 倒入模型中（9分滿）撒上起士丁，以250℃烤焙約25分鐘。

Tips:

1. 餅乾派皮鋪於模型底部每個約20g。
2. 麵糊應充分拌勻。
3. 著色太深時須關火。

泡芙布蕾
Puff & Bread

小布丁模 15個

材料／Ingredients

麵糰：

A. 高筋麵粉120g、中筋麵粉105g、新鮮酵母6g、煉乳25g
改良劑1g、細砂糖20g、鹽3g、全蛋30g、奶油15g、水80g

泡芙麵糊：

B. 飲用水100g、鮮乳100g、奶油100g

C. 低筋麵粉120g

D. 全蛋4個

內餡：

E. 格斯粉80g、牛奶200g、葡萄乾90g、蘭姆酒30g

做法／Procedures

1. 材料A（製作法請參考p.128頁直接法）製作到基本發酵完成。
2. 將步驟1麵糰分割成15個（每個25g）稍滾圓。
3. 稍鬆弛再滾圓至表面光滑，放入模型發酵。
4. 材料B煮沸後，將高筋麵粉加入攪拌10秒後離火。
5. 蛋分次加入拌勻（即為泡芙麵糊）。
6. 麵糰發酵至7分滿時將泡芙擠於上方，以上火200℃/下火200℃烤焙約30分鐘。
7. 材料E中之葡萄乾、蘭姆酒預先浸泡一天再與準備好的格斯粉、牛奶拌勻，擠入烤好的麵包中。

Tips:

1. 模型預先刷油（固態油脂）備用。
2. 麵糊加熱攪拌時應充分煮熟。
3. 麵糊攪拌時應稍降溫再加全蛋。
4. 內餡葡萄乾也可以用其他水果乾代替。

小布丁模 10個

草莓甜心

Strawberry Mousse & Jelly

材料／Ingredients

A. 水300g、細砂糖50g、草莓濃縮醬少許、吉利丁15g

B. 草莓對切10片

C. 牛奶200g、草莓泥100g

D. 吉利丁20g、細砂糖40g

E. 打發鮮奶油150g、蘭姆酒15g

做法／Procedures

1. 材料A之吉利丁泡冷水軟化後撈起，和細砂糖放一起。
2. 水煮開後，沖入步驟1充分拌勻，再加入草莓濃縮醬，即為草莓吉利凍。
3. 注入已放草莓切片之模中冷藏至凝固後，取出。
4. 材料C煮開後，沖入材料D之細砂糖和已泡軟之吉利丁中，充分拌勻。
5. 待冷卻至濃稠（約15℃）後，加入材料E拌勻，即可倒入步驟3之果凍上。
6. 冷藏完全冰透即可。

Tips:

果凍、香蘿蒂、奶酪、奶凍類若欲脫模可泡於溫水中數秒，或用熱毛巾擦拭模型。

小布丁模 101個

水晶洋菜凍

Agar-agar Jelly

材料／Ingredients

A. 洋菜粉5g、細砂糖80g

B. 水600g

C. 椰果50g、水蜜桃2片
櫻桃10顆、鳳梨片3片

做法／Procedures

1. 材料A充分拌勻。

2. 水煮開後，沖入材料A中拌勻，繼續加熱煮沸。

3. 布丁模中放入切片水果，將步驟2之洋菜液注入模中待完全冷卻後凝固便可。

Tips:

1. 洋菜凍凝固後，移至冷藏冰透，更加可口。
2. 將水分中1/6的份量改為咖啡即為咖啡凍。

小布丁模 101個

椰果奶凍

Coconut Pudding

材料／Ingredients

A. 吉利丁30g

B. 細砂糖70g、蛋黃40g（約2個）

C. 牛奶500g

D. 打發鮮奶油200g、椰果350g

做法／Procedures

1. 吉利丁泡冷水軟化後撈起，放入已拌勻的材料B中。
2. 牛奶煮開，沖入步驟1中攪拌，至糖和吉利丁完全溶化。
3. 待冷卻至濃稠狀（約15℃）時，加入打發鮮奶油、椰果拌勻。
4. 倒入模中，冷藏即可。

Tips:

1. 加入鮮奶油前的冷卻動作很重要，若冷卻不足很容易使拌入之鮮奶油消泡，或油脂分離，不但外觀不好且失去綿密口感。
2. 降溫時可用冰塊加水後，將容器泡於此冰水中邊攪拌才會均勻降溫。

小布丁模 101個 藍莓奶酪

Blueberries Panacota

材料／Ingredients

A. 吉利丁10g、動物鮮奶油150g、細砂糖25g、牛奶200g

B. 藍莓醬100g、飲用水適量

做法／Procedures

1. 吉利丁泡冷水軟化後撈起。
2. 動物鮮奶油和糖加溫至糖溶化即可（不可煮沸），加入吉利丁拌至溶化再加牛奶拌勻。
3. 注入布丁杯中，冷藏至凝固。
4. 食用前將藍莓醬用飲用水調稀淋上即可。

Tips:

1. 牛奶或鮮奶油不宜煮沸，才不會破壞其營養成分，也不會有過多氣泡。
2. 亦可用其他果汁取代部分牛奶而做成不同口味的奶酪。
3. 淋醬若用其他口味亦有不錯效果。
4. 吉利丁少會入口即化，若想Q一點可將吉利丁加倍。

小布丁模 101個

椰汁西米布丁

Tapioca Pudding with Coconut Milk

材料／Ingredients

A. 西谷米200g

B. 細砂糖150g

C. 椰漿400g

做法／Procedures

1. 西谷米用滾燙開水沖入汆燙過後，馬上用冷水浸泡50分鐘。
2. 再用大火煮至完全熟透後，水瀝乾，拌入細砂糖。
3. 裝入模型中冷藏。
4. 食用時，淋上椰漿即可。

Tips:

1. 冷藏後輕壓表面便可脫模。
2. 西谷米煮後會產生膠質，不需放吉利丁或其他凝膠。
3. 若加些蜂蜜，風味更佳。
4. 是否熟透可用湯勺撈起，看西谷米是否呈透明狀。

part3

7吋菊花模篇

7吋菊花模 21個 火腿起士捲

Ham & Cheese Roll

材料／Ingredients

A. 高筋麵粉320g、低筋麵粉80g、細砂糖70g、蛋40g、奶粉30g
奶油40g、水200g、鹽5g、快發乾酵母7g

B. 火腿片16片、巧達起士片16片

C. 披薩起士絲100g、美乃滋80g、海苔粉少許

做法／Procedures

1. 材料A（製作法請參考p.128頁直接法）製作至基本發酵完成。
2. 將步驟1之麵糰分割成32個（每個約25g），稍滾圓。
3. 鬆弛20分鐘後，擀開鋪半片起士和半片火腿捲起，平均排於烤模內。
4. 發酵60分鐘後，上面撒起士絲、海苔粉和少許美乃滋，以上火180℃/下火200℃烤焙約20分鐘。

Tips:

烤焙時若想表面顏色漂亮亦可刷蛋汁，但須注意不要烤焦。

7吋菊花模 21個

香蒜小餐包

Garlic Small Roll

材料／Ingredients

A. 高筋麵粉400g、細砂糖60g、鹽4g、蛋40g、奶粉20g
奶油50g、水190g、快發乾酵母6g

B. 蒜泥80g、奶油80g、鹽1g、巴西利4朵

C. 白芝麻少許

做法／Procedures

1. 材料A（製作法請參考p.128頁直接法）製作至基本發酵完成。
2. 將步驟1之麵糰分割成38個（每個約20g），稍微滾圓。
3. 鬆弛20分鐘後，再次滾圓、整齊排入抹奶油的烤模中。
4. 發酵至原來的2.5倍時，在每個麵糰表面擠上拌勻的材料B，再撒上白芝麻。
5. 以上火180℃/下火200℃烤焙約20分鐘。

Tips:

麵包於攪拌或鬆弛、發酵過程中，一定要蓋塑膠袋，避免空氣將麵糰表面刮乾。

馬鈴薯鹹派
Bacon & Potato Pie

材料／Ingredients

A. 高筋麵粉200g、細砂糖16g
鹽4g、牛奶130g、快發乾酵母3g
奶油（軟化）12g

B. 馬鈴薯2～3個

C. 培根或火腿250g
披薩起士絲200g

做法／Procedures

1. 材料A攪拌至麵糰完成（製作法請參考p.128頁直接法）切成2個（每個180g），稍微滾圓。
2. 發酵40分鐘後，擀平成圓型，放入已抹油（固態油脂）之模具中。
3. 馬鈴薯去皮、切片後（約0.5cm），鋪於麵皮上。
4. 材料C中培根切丁後和披薩起士絲一起撒於表面，以上火200℃/下火200℃烤焙約20分鐘。

Tips:
選用的培根不可太肥，若真的太多油脂，應先加熱（炒或烤），以去除油分。

三色肉鬆麵包

Pork Flakes & Vegetable Roll

材料／Ingredients

A. 高筋麵粉300g、細砂糖30g、鹽5g、奶粉15g、奶油（軟化）30g 水150g、蛋30g、快發乾酵母5g

B. 肉鬆100g、奶油160g

C. 三色蔬菜少許、披薩絲100g 美乃滋50g

做法／Procedures

1. 材料A（製作法請參考p.128頁直接法）製作至基本發酵完成。
2. 將步驟1之麵糰擀開成長方型薄片。
3. 材料B拌勻後抹於長方型麵皮上，再將麵皮捲起成長條狀（不宜太粗）。
4. 切成30片，排於抹油（固態油脂）之模具中，切面朝上。
5. 發酵至原本2.5倍時，上面鋪上材料C，以上火180℃/下火200℃烤焙約20分鐘。

Tips:

肉鬆加油脂成肉鬆餡較滑口，若不想加油脂亦可，只是口感較乾而已。

7吋菊花模 21個 蘑菇總匯披薩
Assorted Topping Pizza

材料／Ingredients

A. 高筋麵粉250g、水150g、快發乾酵母2g、細砂糖13g
鹽3g、橄欖油10g

B. 番茄醬50g、番茄糊10g、義大利香料1小匙、洋蔥碎10g

C. 蘑菇10朵、青椒1個、花枝100g、火腿3片、披薩起士絲200g

做法／Procedures

1. 材料A攪拌成光滑麵糰（製作法請參考p.128頁直接法至麵糰擴展）。
2. 將步驟1之麵糰分割成每個約210g（二塊）稍滾圓後，蓋塑膠袋鬆弛20分鐘。
3. 開成圓形後，放入已抹油（固態油脂）之模型中。
4. 材料B拌勻後，抹於麵糰上。
5. 材料C之蘑菇、青椒切片；花枝、火腿切丁，鋪於麵糰上，再撒上起士絲，以上火200℃/下火200℃烤焙約12～15分鐘。

Tips:

若以蝦仁、洋蔥、番茄等水分較多之食材，需先汆燙去水，烤焙時才不會出水。

材料／Ingredients

A. 高筋麵粉250g、快發乾酵母2g、水150g、細砂糖13g
鹽3g、橄欖油10g

B. 番茄醬50g、番茄糊10g、義大利香料1小匙、洋蔥碎10g

C. 培根6片、玉米粒120g、罐頭鳳梨3片、披薩起士絲200g
巴西利（洋香菜）20g

做法／Procedures

1. 材料A攪拌成光滑麵糰（製作法請參考p.128頁直接法至麵糰擴展）。
2. 將步驟1之麵糰分割成每個約210g（二塊）稍滾圓後，蓋塑膠袋鬆弛20分鐘。
3. 開成圓形後，放入已抹油（固態油脂）之模型中。
4. 材料B拌勻，抹於麵糰上。
5. 材料C中培根切片、鳳梨切丁和玉米粒一起鋪於麵糰上，再撒上披薩起士絲，排上巴西利，以上火200℃/下火200℃烤焙約12～15分鐘。

Tips:

1. 披薩上之水果宜選用罐頭水果，水分才不會太多。
2. 脆皮披薩，只要將配方中細砂糖移除即可。

7吋菊花模 21個

蘋果卡士達
Apple Custard Flan

材料／Ingredients

A. 甜派皮麵糰400g（製作法請參考p.134頁糖油拌合法）

B. 細砂糖120g、鹽2g、玉米粉36g、蛋120g、低筋麵粉36g

C. 牛奶600g、奶油60g

D. 蘋果2個

E. 水300g、細砂糖30g、果凍粉10g

做法／Procedures

1. 甜派皮每個200g擀開於菊花派盤內（派皮製作法請參考p.134糖油拌合法）。
2. 材料B中依序將細砂糖、鹽、玉米粉、低筋麵粉、蛋拌勻備用。
3. 材料C牛奶、奶油一起煮沸，再沖入拌勻的材料B中成凝膠狀後，倒入成型好的派盤中。
4. 蘋果切片約0.3cm，依序排於冷卻後的餡上。
5. 以上火170℃/下火210℃烤焙約30分鐘。
6. 材料E一起拌勻後煮開，刷於冷卻後的塔上。

Tips:

蘋果切片後泡於鹽水或糖水中，較不易變色。

材料／Ingredients

A. 甜派皮麵糰400g（製作法請參考p.134頁糖油拌合法）

B. 7吋香草蛋糕4片（製作法請參考p.130頁香草戚風蛋糕作法）

C. 格斯粉300g、開水750g

D. 水50g、沙拉油45g、鹽1g、細砂糖5g

E. 高筋麵粉50g

F. 蛋70g

做法／Procedures

1. 甜派皮每個200g擀開於菊花派盤內（製作法請參考p.134頁糖油拌合法）。
2. 材料C拌勻備用（格斯餡）。
3. 材料D煮沸，沖入高筋麵粉中拌勻，再加入蛋拌勻（此即為泡芙麵糊）。
4. 泡芙麵糊再加上200g格斯餡，拌勻便成Puff Custard。
5. 甜派皮上抹一層薄薄格斯餡，上面蓋一片蛋糕，再抹一層格斯餡，再蓋上一片蛋糕。
6. 蛋糕表面刷蛋液後，擠上Puff Custard，以上火180℃/下火200℃烤焙25分鐘。

Tips:

1. 格斯粉加水或牛奶拌勻而成的格斯餡，就是泡芙用的內餡，也可用卡士達粉，或克林姆粉代替。
2. Puff Custard若單獨擠成餅乾會有不錯的效果。

奇異果格斯蛋糕

7吋菊花模 21個

Kiwi Custard Cake

材料／Ingredients

A. 奶油130g、細砂糖120g、杏仁粉130g

B. 蛋（約2個）110g、蛋黃（1個）20g、白蘭地酒20g

C. 低筋麵粉130g

D. 格斯粉160g、牛奶400g

E. 奇異果6個

F. 亮光膠（製作法請參考p.94頁蘋果卡士達）

做法／Procedures

1. 材料A一起打發。
2. 加入材料B拌勻。
3. 材料C再加入拌勻後，裝入烤模以上火180℃/下火190℃烤焙約20分鐘。
4. 材料D（格斯餡）拌勻後，部份抹於冷卻的蛋糕表面。
5. 上面整齊排上奇異果後，週邊擠上格斯餡，表面刷亮光膠即可。

Tips:

1. 格斯餡內若加少許蘭姆酒或打發鮮奶油更佳。
2. 表面水果可用其他水果代替。

杏仁櫻桃塔
Almond Cherries Tart

材料／Ingredients

A. 甜派皮麵糰400g（製作請參考p.134頁糖油拌合法）
B. 奶油100g、酥油100g 細砂糖180g
C. 蛋3個（約180g）
D. 低筋麵粉230g、泡打粉6g
E. 紅櫻桃20個、杏仁片適量

做法／Procedures

1. 甜派皮每個200g，擀開於菊花派盤內（製作法請參考p.134糖油拌合法）。
2. 材料B的奶油、酥油、細砂糖一起打發。
3. 蛋分3次加入打發。
4. 低筋麵粉和泡打粉過篩，加入拌勻，平分至二個派內抹平。
5. 上面撒杏仁片、排上櫻桃後，以上火190℃/下火210℃烤焙約25分鐘。

Tips:
櫻桃亦可切碎拌入蛋糕糊中。

7吋菊花模 21個 南洋椰果塔

Tropical Attap Tart

材料／Ingredients

A. 甜派皮麵糰400g（製作請參考p.134頁糖油拌合法）

B. 牛奶200g、椰奶200g

C. 玉米粉45g、細砂糖130g、蛋3個

D. 亞答枳400g

E. 甜椰絲80g

做法／Procedures

1. 甜派皮每個200g擀開於菊花派盤內（製作請參考p.134頁糖油拌合法）。
2. 材料B煮開沖入已拌勻的材料C中煮至凝膠。
3. 拌入亞答枳後倒入派中。
4. 上撒甜椰絲，以上火160℃/下火210℃烤焙約25分鐘。

Tips:

1. 亞答枳（Attap）是南洋著名食材，尤其在南洋名點“摩摩喳喳”中更是不可或缺，現今超市和大賣場都有販售。
2. 甜椰絲在大型之西點供應烘焙材料行應有販售。

7吋菊花模 21個 杏仁巴瓦

Almond Cake & Fruit Custard

材料／Ingredients

A. 蛋白175g、糖粉75g、鹽1g

B. 杏仁粉150g、糖粉75g、低筋麵粉40g

C. 格斯粉80g、牛奶200g、打發鮮奶油100g、桔子酒15g

D. 罐頭橘子片適量、櫻桃2個

做法／Procedures

1. 材料A打發至硬性發泡（製作法請參考p.131頁香草戚風蛋糕作法）。
2. 材料B拌勻後加入步驟1中拌勻，再裝入擠花袋擠於刷好油（固態油脂）之菊花模中，以上火190℃/下火200℃烤焙約15分鐘。
3. 材料C中之格斯粉和牛奶先拌勻，再和打發鮮奶油、酒拌勻後，擠於蛋糕上再排上水果即可。
4. 亦可刷上亮光膠（製作法請參考p.94頁蘋果卡士達）。

Tips:

1. 可先將蛋糕體烤熟後，存放於冷凍庫中待要用時再取出裝飾。
2. 格斯餡中加鮮奶油與酒，風味更佳。

藍莓康布拉酥塔

Blueberry Streusel tart

材料／Ingredients

A. 甜派皮麵糰400g（製作請參考p.134頁糖油拌合法）

B. 玉米粉50g、細砂糖60g、水50g、蛋1個

C. 藍莓罐頭1罐（約410g）

D. 中筋麵粉130g、細砂糖70g、奶油70g

做法／Procedures

1. 甜派皮每個200g擀開於菊花派盤內（製作請參考p.134頁糖油拌合法）。
2. 材料B拌勻後，倒入煮沸的材料C中繼續煮至濃稠後，倒入成型好的派皮內。
3. 材料D一起拌勻，用手搓成細粉狀的酥粒。
4. 於倒入藍莓餡的派上撒上酥粒，再以上火190℃/下火210℃烤焙約25分鐘。

Tips:

1. 酥粒多寡視個人喜好，但其中之細砂糖不宜用其它糖類代替，因為烤過之細砂糖會增加酥粒的脆度。
2. 藍莓罐頭中之水與藍莓顆粒一起秤重即可。

7吋菊花模 2個

德式黑櫻桃塔

German Dark Cherries Flan

材料／Ingredients

A. 甜派皮麵糰400g（製作法請參考p.134頁糖油拌合法）

B. 動物性鮮奶油400g、蛋4個細砂糖60g、蘭姆酒25g

C. 黑櫻桃（罐頭）約50粒

做法／Procedures

1. 甜派皮每個200g擀開於菊花派盤內（製作請參考p.134頁糖油拌合法）。
2. 材料B一起攪拌均勻後，倒入擀好的派皮內。
3. 整齊放入黑櫻桃後，以上火160℃/下火200℃烤焙約25分鐘。

Tips:

1. 餡亦可加入和細砂糖等量之杏仁粉，別有一番風味。
2. 黑櫻桃亦可用杏桃（Apricot）代替。

法式焦糖蘋果

7吋菊花模 1個

France Caramel Apple Flan

材料／Ingredients

A. 奇福餅乾140g、溶化奶油80g

B. 蘋果3個

C. 細砂糖150g、水50g、動物鮮奶油70g

D. 玉桂粉2g、奶油20g

E. 葡萄乾少許

做法／Procedures

1. 材料A中餅乾壓碎後和奶油拌勻，放入模內壓紮實。
2. 蘋果去皮、去核後，一個切12～16片（視蘋果大小）。
3. 材料C之細砂糖和水煮成金黃色後，加入鮮奶油再煮沸即成焦糖漿，隨後加入蘋果片和材料D一起拌炒2分鐘。
4. 稍冷後整齊排在餅乾底上，進爐以上火210℃/下火150℃烤焙12分鐘。
5. 出爐後，撒上少許葡萄乾即可。

Tips:

1. 餅乾碎可用奶油類餅乾代替，但不宜用蘇打餅、消化餅代替。
2. 動物鮮奶油較香醇，植物性鮮奶油稍甜。

7吋菊花模 21個 藍莓乳酪派
Blueberry Cheese Pie

材料／Ingredients

A. 甜派皮麵糰400g（製作法請參考p.134頁糖油拌合法）

B. 奶油起士290g、奶油55g、細砂糖100g

C. 全蛋80g、蛋黃1個、動物鮮奶油200g、檸檬汁25g、低筋麵粉（過篩）20g

D. 冷凍藍莓粒

做法／Procedures

A. 甜派皮每個200g擀開於菊花派盤內（製作請參考p.134頁糖油拌合法）先烤半熟。

B. 材料B攪拌打發。

C. 材料C分次加入步驟2中拌勻。

D. 甜派皮先抹一層藍莓餡，再倒入麵糊，表面撒冷凍藍莓粒，以上火150℃/下火200℃烤焙約30分鐘。

Tips:

1. 麵糊打好如果太軟可先烤5～10分鐘，使表面稍乾再撒藍莓粒，可減少藍莓粒下沉。
2. 藍莓粒可視個人喜好增加或減少。

7吋菊花模 2個

藍莓杏仁派

Blueberry Almond Pie

材料／Ingredients

A. 甜派皮麵糰400g（製作法請參考p.134頁糖油拌合法）

B. 奶油150g、糖粉150g

C. 全蛋145g

D. 杏仁粉150g、低筋麵粉25g、鹽2g、香草精2g

E. 冷凍藍莓粒200g

做法／Procedures

1. 甜派皮製作每個200g擀開於菊花派盤模內（製作法請參考p.134頁糖油拌合法）。
2. 材料B打微發。
3. 材料C分次加入步驟2中拌勻即可。
4. 材料D再加入拌勻。
5. 材料E取出一些做為表面裝飾，其餘加入麵糊中，拌勻即可倒入模中，以上火180℃/下火210℃烤焙約30分鐘。

Tips:

1. 麵糊擠派皮一半高即可。
2. 出爐後表面刷亮光膠（製作法請參考p. 94頁蘋果卡士達）。

五穀雜糧米派
Assorted Grain Pie

材料／Ingredients

A. 消化餅乾140g、溶化奶油70g

B. 五穀米120g、水400g

C. 碎核桃50g、細砂糖50g

D. 雜糧燕麥20g

做法／Procedures

1. 材料A中餅乾壓碎後和奶油拌勻，放入模內壓緊實。
2. 五穀米和水一起煮至米粒熟後，再加入碎核桃、糖、雜糧燕麥一起拌煮30秒。
3. 盛入模內後稍抹平，以上火180℃/下火180℃烤焙8分鐘。
4. 冷卻後，冷藏至少1小時即可切片食用。

Tips:

1. 若有剩餘之五穀米飯，亦可蒸熟後，再加50g熱開水以及材料C、D一起拌勻。
2. 若覺得太乾，可於食用時在上面淋些咖啡用鮮奶油。

7吋菊花模 21個

歐式杏桃塔

Europe Apricot Tart

材料／Ingredients

A. 甜派皮麵糰400g（製作法請參考p.134頁糖油拌合法）

B. 奶油100g、細砂糖100g、杏仁粉100g 低筋麵粉100g、泡打粉2g

C. 蛋2個

D. 杏桃（罐頭）適量

做法／Procedures

1. 甜派皮每個200g擀開於菊花派盤內（製作法請參考p.134頁糖油拌合法）。
2. 材料B一起拌勻後，稍微打發。
3. 加入蛋拌勻，平分至擀好派皮之烤模內，稍微抹平。
4. 在上面排上杏桃後，以上火160℃/下火200℃烤焙約25分鐘。

Tips:

1. 內餡若打太發，在烤焙時會膨脹太高，烤完冷卻後會縮，影響外觀。
2. 表面可刷亮光膠（製作法請參考p. 94頁蘋果卡士達）。

7吋菊花模 21個

克林姆水果派
Fruit Crème Pie

材料／Ingredients

A. 甜派皮麵糰400g（製作法請參考p.134頁糖油拌合法）

B. 細砂糖55g、全蛋110g、玉米粉30g、果凍粉10g

C. 奶油65g、鮮奶油55g、鮮乳340g

D. 鏡面果膠55g

E. 水250g、桔子果醬50g、果凍粉10g

做法／Procedures

1. 甜派皮製作每個200g擀開於菊花模內（製作法請參考p.134頁糖油拌合法），甜派皮事先烤熟。
2. 材料B拌勻備用。
3. 材料C加熱煮沸倒入材料B中煮至濃稠離火，拌入材料D，平均分於烤熟的派皮內送入冷藏待冷卻。
4. 材料E加熱煮至80℃。
5. 派取出後擺上水果刷材料E的果凍液。

Tips:

1. 派皮烤好時可塗上一層薄巧克力以防止潮溼變軟。
2. 水果可依個人喜好增減裝飾。

7吋菊花模 21個

草莓塔

Strawberry Tart

材料／Ingredients

A. 甜派皮麵糰400g（製作法請參考p.134頁糖油拌合法）。

B. 卡士達粉50g、水150g

C. 奶油50g、糖粉50g、全蛋50g、杏仁粉50g

D. 草莓果膠150g、水75g、新鮮草莓適量

做法／Procedures

1. 甜派皮以每個200g擀開於菊花派盤內（製作法請參考p.134頁糖油拌合法）。
2. 材料B拌勻。
3. 材料C拌勻倒入材料B中拌勻，倒入擠花袋內再擠入成形塔模內約一半高度，以上火190℃/下火210℃烤焙約20分鐘。
4. 烤焙完成冷卻後以適量草莓裝飾表面。
5. 材料D煮沸後刷於表面。

Tips:

1. 草莓果膠可用杏桃果膠加適量草莓香精代替。
2. 果膠須稍降溫再刷於草莓表面，草莓較不易變軟。

7吋菊花模 21個 德瑞斯頓
Cheese & Strawberry Bread

材料／Ingredients

A. 中筋麵粉120g、奶油170g、細砂糖7g、酵母7g、鹽1g、全蛋35g、水60g

B. 奶油起士210g、奶油100g、細砂糖100g

C. 全蛋85g、檸檬皮1個

D. 草莓果醬250g、酥糖粒100g

做法／Procedures

1. 材料A以直接攪拌法（製作法請參考p.128頁）製作至基本發酵完成，分割成每個200g擀平鋪於菊花模內。
2. 材料B打發。
3. 材料C分次依序加入材料B中拌勻，完成後倒入成型的麵糰上。
4. 草莓果醬放入擠花袋內平均擠網狀於麵糊上，表面撒酥糖粒，完成後以上火200℃/下火150℃烤焙15分鐘，再以上火200℃/下火0℃烤焙約15分鐘。

Tips:

1. 酥糖粒製作請參考p. 104頁藍莓康布拉酥塔。
2. 麵糰擀平需放入冷凍內延遲醱酵。
3. 果醬可依個人喜好更換。

帕米森起士派

Parmesan Cheese Pie

材料／Ingredients

A. 奇福餅乾270g、糖粉135g
奶油220g

B. 奶油起士300g、糖粉250g
帕米森起士粉60g

C. 蛋黃4個

D. 吉利丁30g

E. 動物鮮奶油500g

做法／Procedures

1. 材料A中奇福餅乾打碎（預留一些餅乾屑置放一旁），奶油隔水加熱溶解，和糖粉一起拌勻後加入奇福餅乾屑拌勻，以每個200g製作派皮鋪於菊花模內。
2. 材料B拌軟後分次加入材料C。
3. 材料D泡冰水軟化，再隔水加熱溶解加入步驟2。
4. 材料E打發至8分發加入拌勻，倒入鋪好餅乾底菊花模上。

Tips:

加入起士餡時抹平以預留的餅乾屑鋪於表面。

7吋菊花模 2個 大理石乳酪

Marble Cheese Pie

材料／Ingredients

A. 餅乾派皮400g（製作請參考p.106頁法式焦糖蘋果）

B. 奶油起士320g、細砂糖100g

C. 全蛋3個、酸奶75g、檸檬汁10g

D. 軟質巧克力50g

做法／Procedures

1. 餅乾派皮每個200g壓於菊花模內。
2. 材料B打發。
3. 材料C分次依序加入步驟2中拌勻，倒入壓製成型的派皮內。
4. 材料D隔水加熱溶化，擠於麵糊上用牙籤劃大理石花紋，以上火150℃/下火150℃烤焙約30分鐘。

Tips:

1. 酸奶可用市售原味優格代替。
2. 大理石花紋可依個人隨意製作。
3. 烤起士時若在起士表面膨脹太高，則須將爐門稍打開降溫。

7吋菊花模 2個 巧克力起士

Chocolate Cheese Pie

材料／Ingredients

A. 餅乾派皮400g（製作法請參考p.106頁法式焦糖蘋果）

B. 奶油起士140g、奶油60g、細砂糖12g

C. 酸奶70g（Sour Cream）、蛋白85g、鮮乳50g、玉米粉17g

D. 巧克力140g

E. 耐烤巧克力豆140g

做法／Procedures

1. 材料A餅乾派皮以每個200g壓於菊花模內。
2. 材料B打發。
3. 材料C分次依序加入材料B後，材料D巧克力隔水加熱溶解至45℃，再加入拌勻，倒入壓平的派皮內，表面撒上耐烤巧克力豆，以上火180℃/下火0℃，烤焙約30分鐘。

Tips:

1. 耐烤巧克力豆可依個人喜好增加或減少。
2. 材料C中酸奶可用市售原味優格代替。

濃郁巧克力蛋糕

7吋菊花模 2個

Rich Chocolate Cake

材料／Ingredients

A. 奶油95g、白油155g、細砂糖155g

B. 巧克力95g

C. 蛋黃145g、全蛋60g、轉化糖漿12g

D. 低筋麵粉（過篩）40g、杏仁粉95g

E. 蛋白85g、細砂糖35g、塔塔粉10g

F. 草莓適量

做法／Procedures

1. 材料A打發至細砂糖溶解。
2. 材料B隔水加熱溶解（45℃）加入材料A拌勻。
3. 材料C再分次加入拌勻。
4. 材料D再加入拌勻。
5. 材料E打濕性發泡（製作法請參考p.130頁香草戚風蛋糕作法）與前項拌勻，以上火180℃/下火140℃烤焙約30分鐘。
6. 冷卻脫模後，上擺刀叉撒上糖粉，再排上草莓做裝飾。

Tips:

1. 配方中之轉化糖漿可以用等量的蜂蜜或果糖替代。
2. 模型需事先擦油（固態油脂）撒粉。

part4

基本做法篇

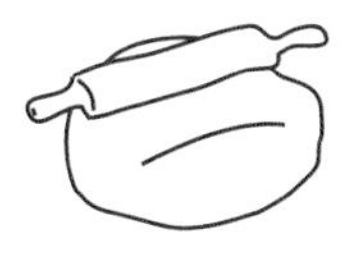

基本麵糰攪拌直接法

1.奶油軟化後將所有材料放入鋼盆內（鹽和酵母須分開）。

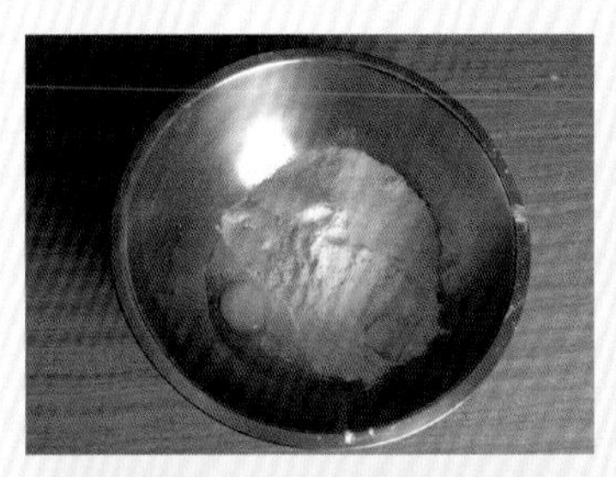

2.最後將水（或牛奶）加入。

3.用手稍攪拌使其成糰。

4.用手搓揉使麵糰稍具筋性（彈性），且讓沾於鋼盆的麵糰沾黏於主麵糰。

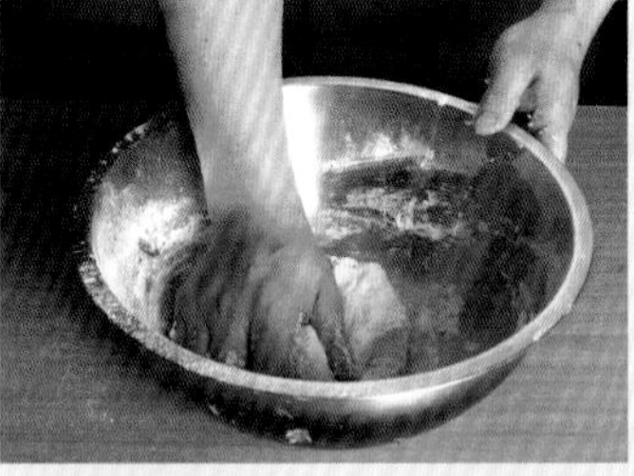

5.麵糰置於桌面上，用甩的方式使麵糰拍打桌面。

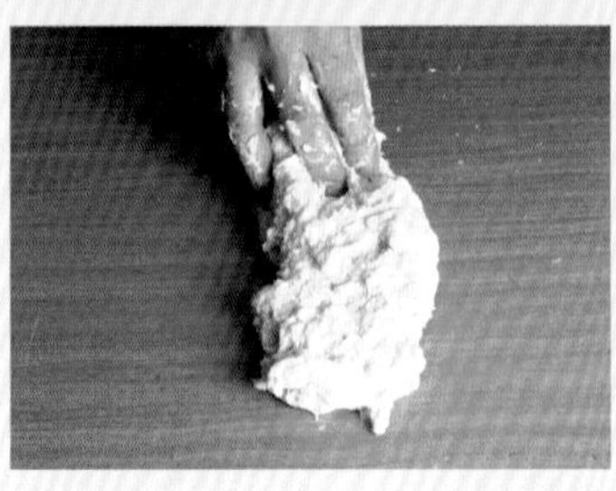

6.再將麵糰折起，不斷重覆甩麵和折麵。

7.麵糰經不斷的甩打便會呈現表面光滑狀。

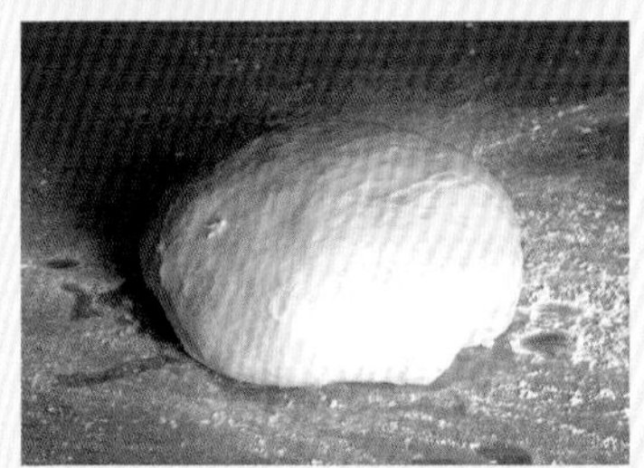

8.麵糰可撐開成薄膜狀，若裂口紋路有粗鋸齒狀且表面無法很光滑，此時即為擴展階段。

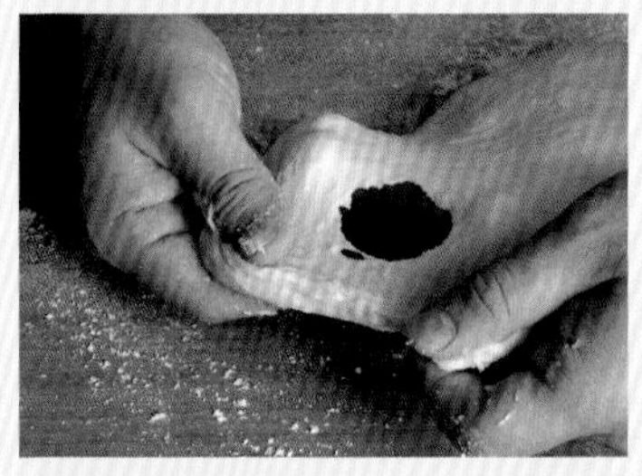

9.再多甩打幾次，至撐開之薄膜光滑且裂口整齊，即為完成階段（此時蓋塑膠袋做基本發酵）。

10.靜置發酵至約原來麵糰2.5倍大時，即為基本發酵完成（如圖右，用手沾高筋麵粉後戳入麵糰，若不會彈回，且戳孔不會變小即可）。

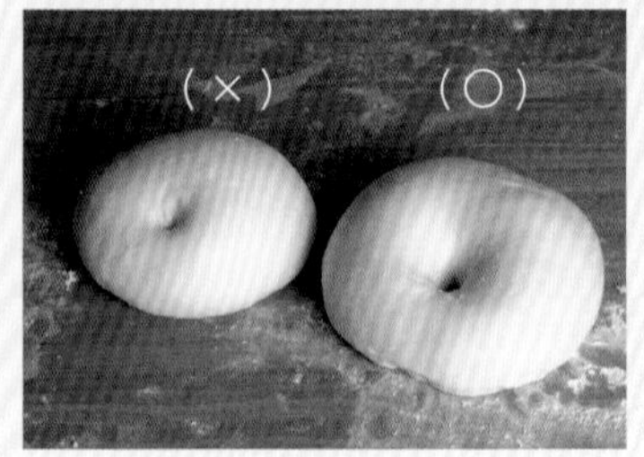

11.將麵糰分成所需大小。

14.若將中間發酵完之麵糰稍壓扁置於手指間便可包餡。

12.用手壓住麵糰底部，稍做滾圓至表面光滑，再蓋塑膠袋鬆弛20分鐘（即為中間發酵）。

15.利用手指捏麵糰（不可太多）且向中間集中。

13.將中間發酵完之麵糰擀成長橢圓形，即可將餡料捲起。

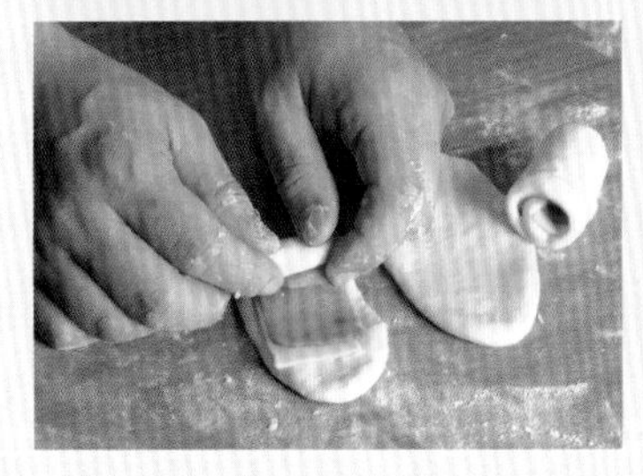

16.再轉個方向捏起即可（注意底部一定要包緊，不可露餡）。

Tips:

1. 一般麵糰製作可分為中種法和直接法兩種，但中種法耗時太久，故皆使用直接法為多。
2. 若麵糰量較大時（麵粉量超過1.5kg），則水分要用部份冰塊代替，攪拌或甩打時才不會使麵糰溫度過高，而成品組織太粗糙。
3. 若用機械攪拌則用中速即可。
4. 新鮮酵母和快發乾酵母的使用比例為3：1。

香草戚風蛋糕基本製作法

香草戚風蛋糕（Chiffon）
基本配方（8吋／2模）

A.蛋白285g
　細砂糖168g
　塔塔粉3.5g（Cream of Tartar）

B.水125g
　沙拉油123g
　蛋黃145g
　低筋麵粉150g
　玉米粉30g（Corn Starch）
　泡打粉3.5g（Baking Powder）
　香草精（粉）2g

香草戚風蛋糕（Chiffon）基本製作方法

1. 除了材料A（蛋白、蛋白用的細砂、塔塔粉）外，其餘材料一起放入鋼盆內。

粉類之材料記得過篩喲！

3. 蛋白、細砂糖、塔塔粉（材料A)一起放入攪拌缸內，中速攪拌打發。

2. 一起攪拌均勻即可。

4. 攪拌至沾起後，不會掉落且前端完全呈彎曲狀，即為濕性發泡。

5. 再繼續攪打至前端稍微彎曲（不可完全挺直），即為硬性發泡。

7. 再倒回蛋白缸中拌勻即可。

6. 取1/4打發蛋白拌入步驟2之盆中，輕輕拌勻。

8. 倒入模型中烤焙。（8分滿即可）

Tips:

1. 一般份量少時，蛋黃部份都只有拌勻而已，不必打發。
2. 蛋白打發時攪拌缸內不可有油脂，或太多水分。
3. 一般濕性發泡，大部分運用於天使蛋糕、重奶油戚風蛋糕、巧克力重奶油戚風蛋糕或乳酪類的戚風蛋糕。
4. 蛋白打發若要更快速，可先打蛋白至濕性後，再加細砂糖中速打至硬性發泡。
5. 烤焙時若為圓型模，則參考溫度為上火160℃/下火180℃，約20～30分鐘（視模型大小），出爐時須倒扣至冷卻。
6. 烤焙時若為盤型，則參考溫度為上火190℃/下火130℃，約15～25分鐘（視蛋糕之厚度），出爐時要拉出烤盤外較易降溫。
7. 烤模不可刷油（固態油脂），且水分要擦乾。

香草海綿蛋糕基本製作法

香草海綿蛋糕（Sponge）
基本配方（8吋／2模）

蛋430g（約8個）
細砂糖200g
低筋麵粉160g
香草精（粉）2g
沙拉油60g
水（牛奶）60g

香草海綿蛋糕（Chiffon）基本製作方法

1. 將蛋和細砂糖加入攪拌缸中（蛋最好回溫至室溫）。

2. 打發至用食指沾起不會滴落（或超過4秒才滴落即可）。

3. 加入過篩之麵粉和香草粉拌勻。

4. 最後加入油、水（液態物品）一起拌勻。

5. 倒入模具中（模具不可刷油），8分滿即可。

Tips:

1. 烤溫參考戚風蛋糕基本做法。
2. 攪拌時要注意粉不可太早過篩，否則較不易拌勻。
3. 沙拉油與水拌勻時須注意不可讓油、水沉至攪拌缸底，否則不易再拌起。
4. 加入牛奶來代替水則海綿之組織會較細緻。
5. 油脂部份若為奶油，則奶油溶化溫度若太高（會燙手）則麵糊易消泡，若太低則易拌不均勻。

甜派皮麵糰（糖、油拌合法）基本製作法

甜派皮（塔皮）麵糰基本配方

奶油450g	糖粉240g
蛋75g	低筋麵粉675g

甜派皮麵糰（糖、油拌合法）基本製作方法

1. 奶油和糖一起打發至絨毛狀。

2. 分次加入蛋繼續打發（約3～5次）。

3. 待打發至絨毛狀才可。

4. 加入過篩之麵粉拌至9分均勻即可。

5. 若要擀開於菊花派盤內，則取一適量麵糰（7吋模約取200g）從中間向外擀開，一次不可擀太薄。

6. 換方向再擀，直至所需之厚度。

7. 塔皮須比模型多出2～3公分。

8. 表面撒粉後利用擀麵棍捲起。

9. 再放置於模型上。

10. 利用擀麵棍來回擀壓，便可切斷麵皮。

11. 再利用大姆指之弧度在模型邊稍做整型即可。

12. 若要烤成熟派皮則要在塔皮表面均勻戳孔（可使烤焙時熱氣散去，而不會使中間鼓起，造成旁邊縮太多）。

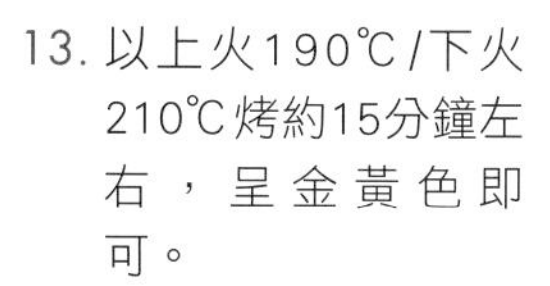

13. 以上火190℃/下火210℃烤約15分鐘左右，呈金黃色即可。

14. 若要捏於小塔模（小布丁模內），則取適量之甜派皮，表面沾高筋麵粉後利用姆指下方的手掌，將麵糰壓薄至所需厚度。

15. 用切麵刀剷起。

16. 輕放至模具內（自然放入，不要拉扯，厚薄會較均勻）。

17. 再利用姆指稍做整型。

18. 多餘的麵糰用切麵刀切除即可。

Tips:

1. 麵糰拌粉時只能9分均勻，若太均勻製作時會因筋性太強，麵糰不易成型，烤時也易縮。
2. 壓時所用之手粉為高筋麵粉。
3. 若在配方中加入與糖粉等量之杏仁粉，則會有意想不到的效果。

巧克力飾片之基本製作法

黑、白巧克力切碎後，隔水加熱使其溶化
（溫度最好保持40℃左右）

A. 蜂巢巧克力製作方法

1. 將溶化之巧克力倒在氣泡袋上用抹刀（或刮板）抹平。

2. 確實地將巧克力抹平，與氣泡袋厚度相同。

3. 冷凍10～20分鐘後，將巧克力從氣泡袋上剝下即可。

B. 五爪巧克力製作方法

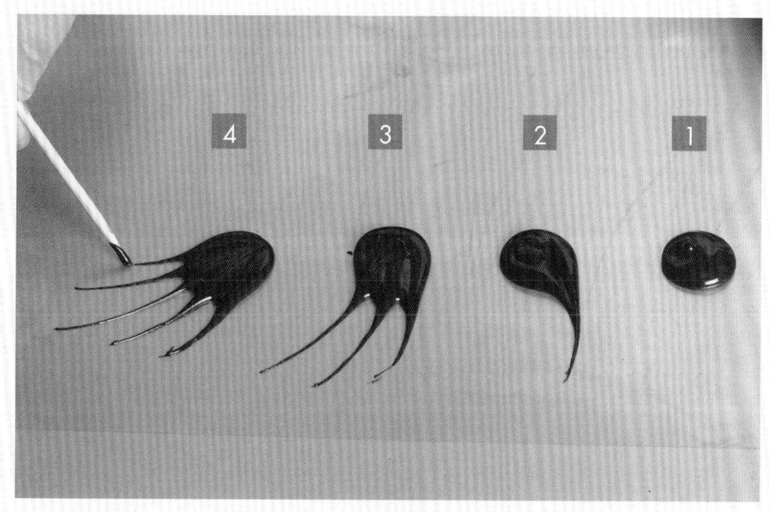

將巧克力擠於護貝膠片或投影片上再利用竹籤劃出線條，
冷凍10分鐘即可取下。

C. 彗星巧克力製作方法

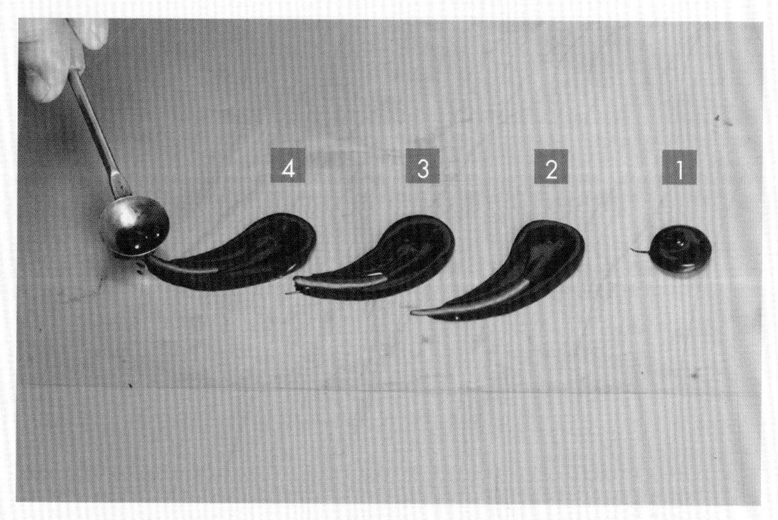

將巧克力擠於護貝膠片或投影片上，利用挖球器或小湯匙抹開，
冷凍10分鐘即可取下。

D. 掃帚巧克力製作方法

1. 將巧克力擠於護貝膠片或投影片上用鋸齒刮板（或梳子）刮出紋路。

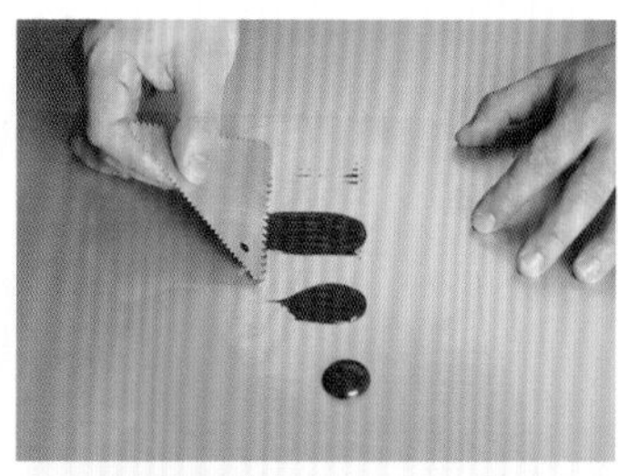

2. 置於罐頭上使其呈現自然弧度。

3. 冷凍10分鐘後便可取出。

E. 雙色針葉巧克力巧克力製作方法

將黑白巧克力擠於護貝膠片或投影片上，利用竹籤劃出紋路，冷凍10分鐘即可。

F. 火焰巧克力製作方法

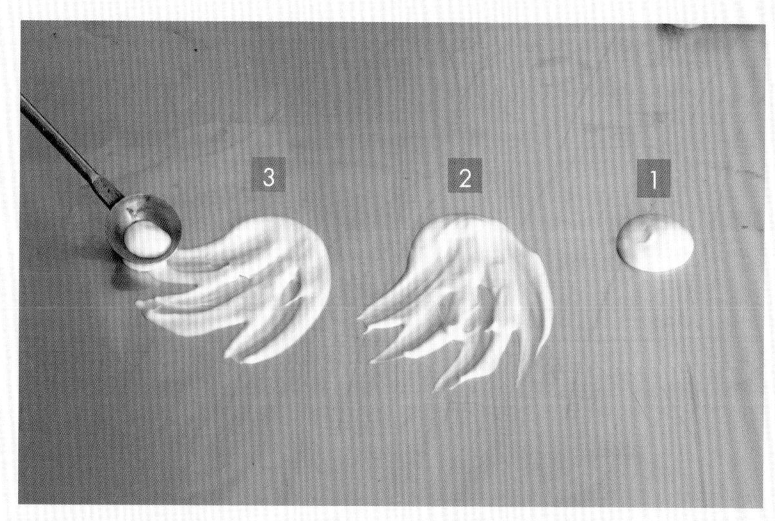

將巧克力擠於護貝膠片或投影片上，利用挖球器或小湯匙劃出紋路，冷凍10分鐘即可取下。

G. 巧克力網製作方法

1. 將巧克力擠出細線條於護貝膠片上。

3. 最後用膠帶黏牢。

2. 向內捲起。

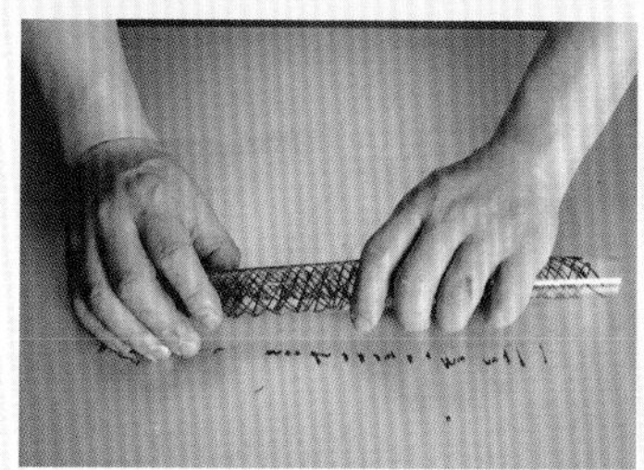

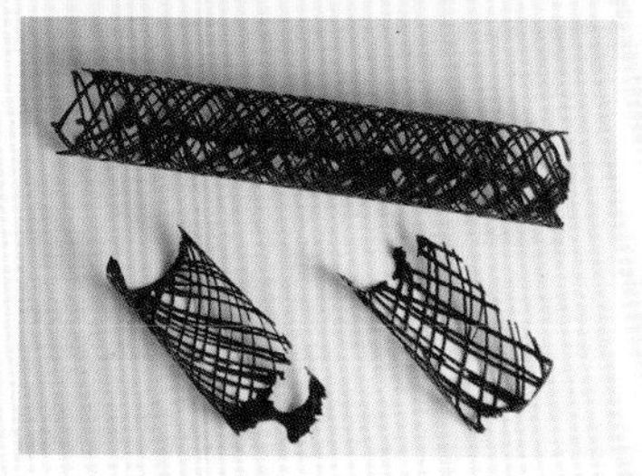

4. 冷凍15分鐘後，打開膠片即可。

H. 螺旋巧克力製作方法

1. 取一細長形膠片（可用塑膠慕斯圈）上抹巧克力。

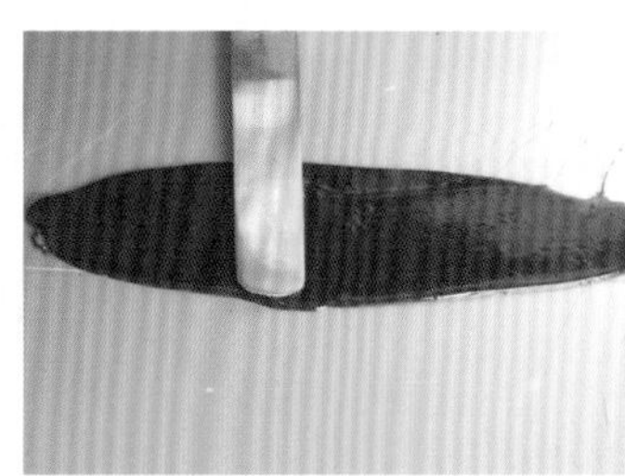

3. 捲起後兩邊用夾子固定。

2. 利用刮板刮出紋路。

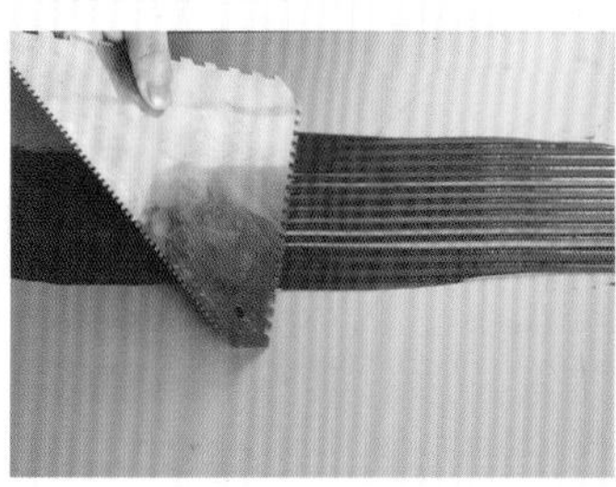

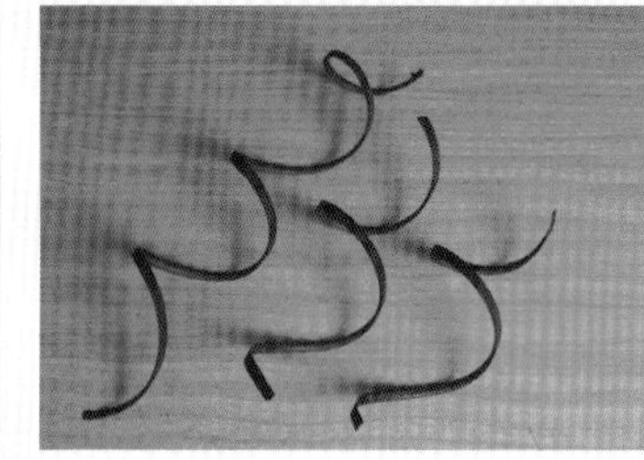

4. 冷凍15分鐘後，便可輕易取下。

I. 雙色巧克力扇形（巧克力棒）製作方法

1. 在桌面上先劃三條黑巧克力線後，將其抹平。

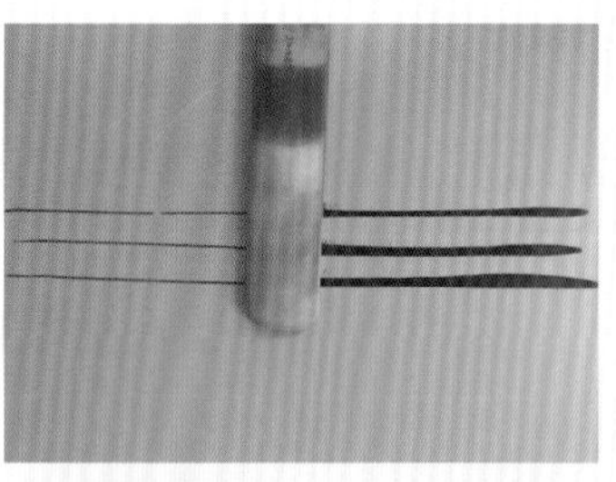

3. 將邊緣修整齊。

2. 上面再抹一層白巧克力（不要太厚）。

4. 依照圖示之動作刮出扇形（手指頭一定要貼著巧克力）。

5. 從另一邊快速往前推，便可使成巧克力棒。

6. 巧克力棒之粗細和刮片之角度有關。

Tips:

1. 巧克力裝飾片最好使用免調溫之巧克力。
2. 巧克力溶化溫度若太高，巧克力中之油脂會分離，而造成巧克力變質。
3. 製作好之巧克力飾片可存放於冷藏內備用。

鮮奶油之裝飾製作法

H. 鮮奶油貝殼製作方法

1. 鮮奶油抹平後，用鋸齒形刮板刮出紋路。

2. 用抹刀從紋路之垂直向刮入。

3. 刮起後便為鮮奶油貝殼。

B. 擠花嘴運用（八齒菊花嘴）

1

2

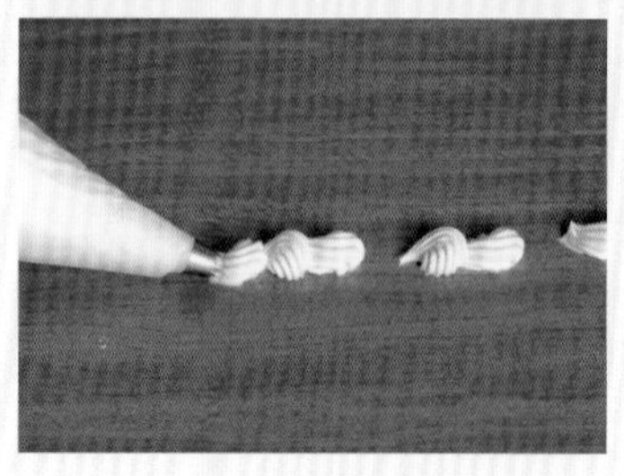

3

C. 擠花嘴運用（玫瑰花嘴）

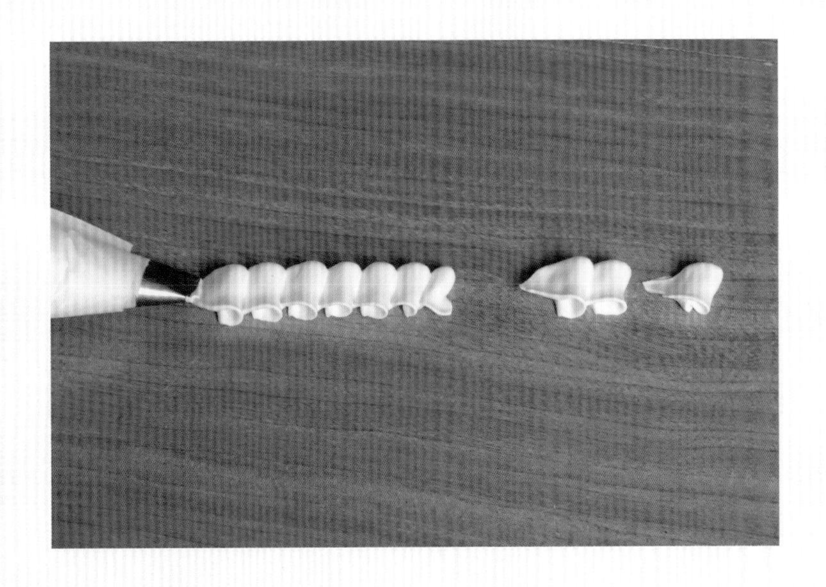

Tips:

1. 鮮奶油分動物性和植物性兩種，一般動物性大部分為無糖，而植物性大部分為有糖。
2. 動物性鮮奶油在使用時須另外加糖（每公升約加100g糖）。
3. 動物性鮮奶油味道較香濃，但顆粒較粗糙，適合做慕斯或其他夾餡用。
4. 植物性鮮奶油雖較甜，但打發後較細緻，比較適合使用於蛋糕裝飾。

子蛋糕 20元

part5

全台食材資訊

專門進口烘焙材料，可以電話詢問購買地點

德麥食品股份有限公司 02-22981347
台北縣五股工業區五權五路31號 9:00~17:30

名枯有限公司 02-27310766
台北市龍江路65巷17號
74.266.292.306.307華航 9:00~17:30

力瑜貿易股份有限公司 02-25453886
台北市民權東路三段164號8樓 9:00~17:30

北部

義興西點原料行 02-27608115
台北市富錦街574巷2號
278民生社區 8:00-22:00

同燦貿易有限公司 02-25533434
台北市民樂街125號
14、274大稻埕 10:00-18:00週日休

正大食品機械 02-23110991
台北市康定路3號
中華路南站、小、南門 9:30-22:00無休

媽咪商店 02-23699868
台北市師大路117巷6號
74.278古亭國小、師大 8:00-20:00第2.4週日休

白鐵號 02-25513731
台北市民生東路二段116號
505民生東路口 9:30-21:00週日休

晶萊興業有限公司 02-27338086
台北市和平東路三段212巷3號
1.18.36.207.285.295坡心 8:30-18:00週日休

洪春梅西點器具店 02-25533859
台北市民生西路389號
274、指南2保安街、大稻埕 9:30-18:30

得宏器具原料專賣店 02-27834843
台北市南港區研究院路一段96號 10:00-21:30

全家烘焙DIY材料行 02-29320405
台北市羅斯福路五段218巷36號 9:00-21:00

力霸百貨衣蝶店 02-25641111
台北市南京西路14號
中山市場、捷運中山站 11:00-21:30

福利麵包(中山店) 02-25946923
台北市中山北路三段23-5號
301大同公司 6:00-23:00無休

福利麵包(仁愛店) 02-27021175
台北市仁愛路四段26號
52.263.270.282.266仁愛國中 6:30-22:00

皇品食品行 02-26585707
台北市內湖區內湖路二段13號
286福光教會 10:00-21:00無

元寶實業公司 02-26588991
台北市內湖區環山路二段133號2樓
267.283.247 9:00-18:00公司上下班

岱里食品事業有限公司 02-27255820
台北市虎林街164巷5號
277.284春天百貨 8:30-18:00

源記食品有限公司 02-27366376
台北市崇德街146巷4號1樓
72.285.292.282麟光新村 8:30-18:00週日休

大億烘焙器具有限公司 02-28838158
台北市士林區大南路434號
2.40.61.223.268.290.304陽明高中 9:00-21:00週日休

申崧食品有限公司 02-27697251
台北市延壽街402巷2弄13號
254介壽國中 8:00-22:00週日休

太平洋SOGO百貨 02-27713171
台北市忠孝東路四段45號
278.212.262頂好捷運忠孝復興站 11:00-21:30

開元食品公司 02-25034622
台北市民權東路二段152巷1號 9:00-17:30

卡羅國際企業(股)公司 02-27886996
台北市南港路二段99-2號
212.205.276.605土地公廟 8:00-17:30公司上下班

德安百貨公司 02-27960700
台北市內湖區成功路四段180號
0東.222.240.287大湖街口 11:00-21:30

大葉高島屋百貨 02-28312345
台北市士林區忠誠路二段55號
267.279.285.606蘭雅國中 11:00-21:30

僑大生活百貨 02-28315466
台北市士林區德行西路45號
220.206德行西路 11:00-21:30

益和商店 02-28714828
台北市中山北路七段39號
220.285.267.601.606三玉里 7:30-21:00無

惠康國際食品(股)公司 02-28721708
台北市天母北路58號
224.601.290和平里 9:30-19:00週日休

飛訊烘焙公司 02-28830000
台北市士林區承德路四段277巷83號
2.40.61.223.268.290.304陽明高中 8:30-21:30週日休

崑龍食品有限公司 02-22876020
台北縣三重市永福街242號
221幸福戲院 8:00-18:00

嘉元食品有限公司 02-29595771
台北縣中和市國光街189巷12弄1-1號
265、307、57板橋監理所 8:00-18:00週日休

安欣實業有限公司 02-22250018
台北縣中和市連城路347巷6弄33號 9:00-21:00週日休

艾佳食品有限公司 02-86608895
台北縣中和市宜安街118巷14號 10:00-21:00週日只到18:00

旺達食品公司 02-29620114
台北縣板橋市信義路165號
245美華紡織 8:00-19:00週日休

合名有限公司 02-29772578
台北縣三重市重新路四段114巷5弄6號

GO GO Mall 02-32339158
台北縣永和市永亨路42號
262.259國華戲院 10:30-22:00

美豐商店 02-24223200
基隆市孝一路36號
基隆火車站 9:00-20:00週日休

富盛烘焙材料行 02-24259255
基隆市南榮路50號
603南榮路口 9:00-21:30隔週休二日

新華食品 02-24319706
基隆市獅球路25巷10號 8:30-17:00週日

嘉美行 02-24621963
基隆市豐穩街130號B1
往和平島的車皆可達 8:00-17:00公司上下班

華源食品行 03-3320178
桃園市中正三街38號
近果菜批發市場 8:00-19:00週日9:00-17:00

陸光食品原料行 03-3629783
桃園縣八德市陸光1號
近大南郵局 9:00-20:00國定假日休半天

楊老師工作室 03-3644727
桃園市樹仁一街150號
桃園後火車站近聖保祿醫院 9:00-18:00週日休

萬和行 03-5223365
桃園市東門街118號
東門派出所

台揚食品 03-3921111
桃園縣龜山鄉東萬壽路311巷2號 8:00-17:00週日休

來來百貨公司 03-4279748
中壢市中央東路88號
近中壢火車站 11:00-21:30

桃榮 03-4221726
中壢市中平路91號
桃園客運總站 8:00-21:00週日下午休

艾佳食品有限公司 03-4684557
中壢市黃興街111號
健行工專 9:00-20:00週日到18:00

康迪食品原料行 035-208250
新竹市建華街19號
建華國中 10:00-21:00

中興百貨 035-220220
新竹市林森路32號 11:00-21:30

新盛發食品廠 03-5323027
新竹市民權路159號
5中央路民權路口 8:00-21:30無休

中部

萬客來食品行 03-8362628
花蓮市和平路440號

立高商行 039-386848
宜蘭市校舍路29巷101號
日安保齡球館 8:00-17:00週日休

裕順食品有限公司 03-9543429
宜蘭縣羅東鎮純精路60號 8:00-20:00週日休

永美製餅材料行 04-2058587
台中市北區健行路665號
健行路口 8:00-21:00

銘豐商行 04-2059167
台中市西屯區中清路151-25號
民航路與中清路口 8:00-20:00週日休

總信食品有限公司 04-2202917
台中市復興路三段1094號
102.彰化客運 8:30-19:00週日休

永誠行 04-2249876
台中市民生路147號
台中師院中華路口 9:00-20:00週日休

永琦百貨公司 04-2255222
台中市自由路二段63號 11:00:-21:30

利生行 04-3124339
台中市西屯路二段28-3號
22 8:00-21:30

廣三SOGO百貨 04-3233788
台中市中港路一段299號 11:00-21:30

辰豐實業有限公司 04-4259869
台中市中興路151-25號
仁友6號公車航空站 8:30-20:00週日休

豐榮食品原料行 04-5271831
台中縣豐原市三豐路317號 8:00-19:00週日休

益豐食品原料 04-5673112
台中縣大雅鄉神林南路53號
仁友6號公車總站前一站 8:00-20:00

王成源家庭用品店 04-7239446
彰化市永福街14號
近麥當勞孔門中心 10:00-21:30每月2.4週休

敬崎企業有限公司 04-7243927
彰化市三福街195號 8:30-20:00週日下午休

金永誠食品原料行 04-8322811
彰化縣員林鎮光明街6號
近伍倫醫院 9:00-21:30

信通 04-8354066
員林鎮復興路59巷26弄12號 8:30-19:00週日休

順興食品原料行 04-9333455
南投縣草屯鎮中正路586號-5
由車站住埔里走約10分鐘 8:30-22:00無休

新瑞益 05-2224263
嘉義市新民路11號 8:00-19:00週日

福美珍食品原料行 05-2224824
嘉義市西榮街135號 8:00-21:00週日休

彩丰食品原料行 05-5342450
雲林縣斗六市西平路137號
火車站後方 8:00-21:00週日休

新瑞益食品原料行 05-5964025
雲林縣斗南鎮七賢街128號 8:00-18:00週日休

永誠行 05-6327153
雲林縣虎尾鎮德興路96號 8:00-22:00週日休

南部

全省食品機械 07-7321922
高雄甲鳳山市建國路二段165號 9:00-17:30

瑞益食品有限公司 06-2228982
台南市民族路二段303號
赤崁樓斜對面 8:30-21:00週日休

新光三越百貨公司 06-2266899
台南市中山路162號 11:00-21:30

永戴招原料行 06-2377115
台南市長榮路一段115號
近台南監理站 8:00-21:00週日休

上輝 06-2971725
台南市安平區建平十街6號
新市政大樓後面 8:00-18:00每月2.4週日休

上品烘焙 06-2990728
台南市永華一街159號 9:00-21:00無

玉記香料行 07-2360333
高雄市六合一路147號
大同服務站 8:00-21:00週日9:00-17:00

大立伊勢丹百貨公司 07-2613060
高雄市新興區五福三路59號 11:00-21:30

正大食品機械器具 07-2619852
高雄市五福二路156號
靠近忠孝路 8:30-21:00週日休

漢神百貨公司 07-2825250
高雄市前金區成功一路266之1號 11:00-21:30

和成香料原料行 07-3111976
高雄市三民區熱河一街208號 13:00-19:00週日休

新光三越百貨公司 07-3366100
高雄市三多三路213號 11:00.-21:30

太平洋SOGO百貨 07-3381000
高雄市三多三路217號 11:00-21:30

福市企業有限公司 07-3463428
高雄市仁武鄉高楠村後港巷145號
榮總正後方 8:30-17:30週日休

尖美百貨 07-3866969
高雄市三民區大昌二路262號 11:00-21:30

旺來興食品量販店 07-3922223
高雄市鳥松鄉本館路151號
近澄清湖 9:00-21:30

烘焙家 07-5884425
高雄市慶豐街28-1號
明誠中學 9:30-22:30週一上午休

旺來昌食品原料行 07-7135345
高雄市前鎮區公正路181號
瑞隆路公正路口 9:00-21:30無休

頤慶食品原料行 07-7462908
高雄縣鳳山市中山路237號
鳳山國小高雄客運總站 8:00-21:30週日休

魯順食品原料行 08-7237896
屏東市民生路79-24號

裕軒食品原料行 08-7887835
屏東縣潮州鎮太平路473號
往潮州方向 8:10-21:00週日9:00-18:00

輕鬆玩烘焙

作　　者　許正忠・林倍加
發 行 人　程安琪
總 策 劃　程顯灝
總 編 輯　潘秉新
文字校對　林美齡
攝　　影　東琦攝影工作室
美術設計　潘大智
封面設計　洪瑞伯
出 版 者　橘子文化事業有限公司

總 代 理　三友圖書有限公司
地　　址　台北市安和路2段213號4樓
電　　話　(02) 2377-4155
傳　　真　(02) 2377-4355
E-mail　service@sanyau.com.tw
郵政劃撥　05844889　三友圖書有限公司

總 經 銷　貿騰發賣股份有限公司
地　　址　台北縣中和市中正路880號14樓
電　　話　(02) 8227-5988
傳　　真　(02) 8227-5989

http://www.ju-zi.com.tw
橘子&旗林 網路書店

初　　版　2010年05月
定　　價　348元
ISBN　978-986-6890-76-5(平裝)

地址：　　　縣/市　　　鄉/鎮/市/區　　　路/街

段　　巷　　弄　　號　　樓

廣　告　回　函
台北郵局登記證
台北廣字第2780號

三友圖書有限公司 收

SANYAU PUBLISHING CO., LTD.

106　台北市安和路2段213號4樓

Exclusive offer

三友圖書
讀者特惠區

為了感謝三友圖書忠實讀者，只要您詳細填寫背面問卷，

並郵寄給我們，即可免費獲贈1本價值250元的《牛肉麵教戰手冊》

數量有限，送完為止。

請勾選

☐ 我不需要這本書

☐ 我想索取這本書（回函時請附80元郵票，做為郵寄費用）

我購買了　**輕鬆玩烘培**

❶個人資料

姓名＿＿＿＿＿＿生日＿＿＿年＿＿＿月　教育程度＿＿＿＿職業＿＿＿＿

電話＿＿＿＿＿＿＿＿＿＿＿＿＿＿＿　傳真＿＿＿＿＿＿＿＿＿＿＿＿＿＿＿

電子信箱＿＿＿＿＿＿＿＿＿＿＿＿＿＿＿

❷您想免費索取三友書訊嗎？□需要（請提供電子信箱帳號）　□不需要

❸您大約什麼時間購買本書？＿＿＿年＿＿＿月＿＿＿日

❹您從何處購買此書？＿＿＿＿縣市＿＿＿＿＿書店／量販店

□書展 □郵購 □網路 □其他

❺您從何處得知本書的出版？

□書店 □報紙 □雜誌 □書訊 □廣播 □電視 □網路 □親朋好友 □其他

❻您購買這本書的原因？（可複選）

□對主題有興趣 □生活上的需要 □工作上的需要 □出版社 □作者

□價格合理（如果不合理，您覺得合理價錢應＿＿＿＿＿）

□除了食譜以外，還有許多豐富有用的資訊

□版面編排 □拍照風格 □其他

❼您最常在什麼地方買書？

＿＿＿＿＿縣市＿＿＿＿＿書店／量販店

❽您希望我們未來出版何種主題的食譜書？

❾您經常購買哪類主題的食譜書？（可複選）

□中菜 □中式點心 □西點 □歐美料理（請說明）＿＿＿＿＿＿＿＿＿＿＿＿＿＿＿

□日本料理 □亞洲料理（請說明）＿＿＿＿＿＿＿＿＿＿＿＿＿＿＿＿＿＿＿＿

□飲料冰品 □醫療飲食（請說明）＿＿＿＿＿＿＿＿＿＿＿＿＿＿＿＿＿＿＿＿

□飲食文化 □烹飪問答集 □其他

❿您最喜歡的食譜出版社？（可複選）

□橘子 □旗林 □二魚 □三采 □大境 □台視文化 □生活品味

□朱雀 □邦聯 □楊桃 □積木 □暢文 □耀昇 □膳書房 □其他

⓫您購買食譜書的考量因素有哪些？

□作者 □主題 □攝影 □出版社 □價格 □實用 □其他

⓬除了食譜外，您還希望本社另外出版哪些書籍？

□健康 □減肥 □美容 □飲食文化 □DIY書籍 □其他

⓭您認為本書尚需改進之處？以及您對我們的建議？＿＿＿＿＿＿＿＿＿＿＿＿＿＿＿